零基础学 Adventures in Coding

Scratch（图文版）

[美]伊娃·霍兰（Eva Holland） 克里斯·明尼克（Chris Minnick） 著

李小敬 翁恺 译

人民邮电出版社

北京

图书在版编目（CIP）数据

零基础学Scratch：图文版 / （美）伊娃·霍兰
(Eva Holland)，（美）克里斯·明尼克
(Chris Minnick) 著；李小敬，翁恺译. -- 北京：人
民邮电出版社，2018.6（2019.7重印）
 （i创客）
 ISBN 978-7-115-47775-0

Ⅰ. ①零… Ⅱ. ①伊… ②克… ③李… ④翁… Ⅲ.
①程序设计 Ⅳ. ①TP311.1

中国版本图书馆CIP数据核字(2018)第010333号

版权声明

内 容 提 要

　　本书主要讲解 Scratch 编程软件的用法，从如何安装、界面介绍开始讲起，图文并茂地教会你如何使用控制
模块、动作模块、事件模块等，然后添加声音和动画，组成完整的互动游戏，最后测试游戏程序是否成功。每个
步骤都通过截图的形式非常细致地进行讲解，读者只要跟着步骤去做，就能完成很棒的项目。

　◆　著　　　[美] 伊娃·霍兰（Eva Holland）
　　　　　　　　克里斯·明尼克（Chris Minnick）
　　　译　　　李小敬　翁　恺
　　　责任编辑　周　璇
　　　责任印制　周昇亮
　◆　人民邮电出版社出版发行　　北京市丰台区成寿寺路 11 号
　　　邮编　100164　电子邮件　315@ptpress.com.cn
　　　网址　http://www.ptpress.com.cn
　　北京虎彩文化传播有限公司印刷
　◆　开本：800×1000　1/16
　　　印张：15　　　　　　　　2018 年 6 月第 1 版
　　　字数：431 千字　　　　　2019 年 7 月北京第 3 次印刷
　　　　　著作权合同登记号　图字：01-2016-10073 号

定价：79.00 元
读者服务热线：(010)81055493　印装质量热线：(010)81055316
反盗版热线：(010)81055315
广告经营许可证：京东工商广登字 20170147 号

仅以本书献给那些鼓舞过我们的、勇于冒险的灵魂，特别是 David J.Holland，Patricia Minnick，Mary Ellen Holland 和 Patrick Minnick。

出版致谢

以下人员参与了本书英文版出版发行的工作：

编辑：

丛书策划：Carrie Anne Philbin

专业技术与策略总监：Barry Pruett

组稿编辑：Aaron Black

项目编辑：Charlotte Kughen

文字编辑：Kezia Endsley

技术编辑：Mike Machado

编辑经理：Mary Beth Wakefield

市场：

市场经理：Lorna Mein

作者简介

　　伊娃·霍兰（Eva Holland）是一位有成就的作家、教练，同时也是 WatzThis？公司的联合创始人。WatzThis? 是一家致力于以有趣、可行的方式来进行技术培训的公司。Eva 不仅是这本书的共同作者，也是英文书《达人迷：JavaScript 趣味编程 15 例》以及《Coding with JavaScript for Dummies》的作者之一。她喜欢网球、音乐、读书以及户外运动。

　　克里斯·明尼克（Chris Minnick）是一位多产的出版作家、教练、Web 工程师，也是 WatzThis？公司的联合创始人。Chris 喜欢和别人分享他的知识，他已经给数以千计的成人和孩子培训过计算机编程。作为一位作家，他出版的书籍包括《达人迷：JavaScript 趣味编程 15 例》《Coding with JavaScript For Dummies》《Beginning HTML5, CSS3 For Dummies》，以及《Webkit For Dummies》。Chris 非常喜欢读书、写作、游泳和音乐。

作者致谢

这本书是集体努力的结果，除了作者，它还离不开我们前面感谢过的优秀的编辑团队，以及其他专业人士。

感谢 Wiley 公司的每一个人，包括我们的项目编辑 Charlotte Kughen、组稿编辑 Aaron Black、文字编辑 Kezia Endsley、插图作者 Sarah Wright，以及高级编辑助理 Cherie Case。还要特别感谢我们的技术编辑 Gavin Machado 和 Mike Machado。感谢 Jay Silver 在本书初创阶段给我们的建议，以及他在创建 Scratch 中所做的工作。感谢我们的代理商，Waterside Productions 的 Carole Jelen。感谢我们的朋友和家人。

目 录
CONTENTS

探险 3
使用控制类积木 47

探险 7
使用 Scratch 的运算符 127

概述

你是一个无畏的探险家吗？你喜欢开始新的探险并学习新的技术吗？你想不想学习如何使用技术将你的想法变成现实？你有没有对计算机编程很好奇却又不知道从哪里开始？如果你对这些问题的答案是毫无疑问的"是"，那这本书非常适合你。

和人类一样，计算机能够理解很多种语言。计算机编程，或者说编码，是人们和计算机交谈的一种方式。很多计算机语言相互之间都是非常类似的，因此，一旦你掌握了一种编程语言，再学习其他的编程语言就非常容易了。《零基础学 Scratch（图文版）》将使用 Scratch 带领你走进编程的世界。

Scratch 是什么

Scratch 适合任何初学编程的人。在计算机编程的世界里开始终身探险，Scratch 是一个很棒的起点。Scratch 以有趣和亲切的方式介绍了编程的概念，使用简单的拖放功能，你就可以在学习基本编程知识的同时创作出真实的计算机程序。

谁应该读这本书

《零基础学 Scratch（图文版）》这本书适合于任何有兴趣学习在计算机上创作游戏、应用程序和艺术的年轻人，它是一本很棒的入门书。

你将学到什么

《零基础学 Scratch（图文版）》使用 Scratch 向你介绍并引领你进入编程的世界。在这本书中，你将学习到 Scratch 小宇宙的方方面面，从 Scratch 作品编辑器的特性，到如何连接全世界的 Scratch 爱好者并和他们分享作品。

《零基础学 Scratch（图文版）》会教你如何创作有趣的游戏、如何给角色做动画，以及如何开发交互式的作品，但并不仅限于这些。

这本书是如何组织的

这本书的每一章都是一次独立的探险。通过每次探险，你将在已经学过的知识基础上再学习一个新的 Scratch 知识点。每次探险结束的时候，你都会收获一个完整的作品。

使用这本书你需要什么

Scratch 有网络版本的编程界面，要开始并完成这本书中的所有探险，你只需要一台带浏览器（比如 Chrome、Safari、Firefox, 或者 Internet Explorer）的计算机和网络连接。不必有任何编程经验，也不需要购买或安装任何东西，Scratch 永远是免费的，对任何人！

约定

本书设计了一些专门的方框来引导和帮助你，它们如下所示：

这种方框解释新的概念或术语。

这种方框提供小技巧简化你的工作。

这种方框包含需要注意的重要事情。

这种方框解释了程序的内部工作原理。

这种方框提供了和当前主题相关的解释和额外信息。

这种方框提供本书配套网站上的视频链接。

此外，本书中还有两种侧边栏。挑战侧边栏给出额外建议用于扩展本书中的作品；代码探索侧边栏进一步解释了一些复杂程序是如何工作的。

配套网站

访问本书配套网站 www.wiley.com/go/adventuresincoding，可以下载本书中提到的视频。

联系我们

你们的作者，克里斯和伊娃，非常乐意知道你们在编程方面的进步。可以访问 WatzThis？的主页或发邮件到 info@watzthis.com 向我们提问题，或者展示你们创作的很酷的作品。

探险 1

编程浅谈

计算机编程不仅非常有趣，而且也是很多人眼中非常神秘甚至有魔力的技能。这一章将会揭开计算机编程的面纱，向你展示开始编程之旅是多么的容易。

1.1 编程无处不在

计算机编程，也称为编码，指人们可以用什么样的方式来告诉计算机要做什么。那么学习了编程之后，都能做哪些事情呢？对于初学者，你可以编写自己的计算机游戏、修改现有游戏、给机器人编写程序让它听命于你、创作美丽的计算机艺术和动画，还可以指导你的计算机播放歌曲！不过，最棒的是，在你做这些有趣的事情的同时，你也在学习一项非常有价值并有着极大需求的技能。

> 计算机编程通常也叫作编码。当你编码的时候，你就是在使用某种计算机语言告诉计算机要做些什么。

你能想到计算机还可以做什么其他事情吗？想想程序员能告诉计算机所做的所有事情，有成百上千种呢。想想你看到的计算机每天在做的所有事情——不只是那些有趣的事情。计算机程序能用来制造新机器、设计建筑、做复杂数学计算、控制汽车等，太多了。这是计算机程序员所在的神奇世界，我们每天都要去解决有趣的问题，并且做一些让人看上去有魔力的事情。

1.2 说机器语言

程序员可以是各种不同的人，他们来自不同的地方和国家，有着不同的经历，接受过不同的训练。他们说着不同的语言，有着不同的兴趣，因为不同的原因而编程。但他们都有一个共同点，那就是他们必须学习使用至少一种计算机能够理解的语言。

程序员是编写计算机程序的人。

计算机使用的语言和人类不同。人类使用的语言，有英语、法语、西班牙语、葡萄牙语、日语，还有其他很多。计算机则使用机器语言，机器语言是我们很难读懂的语言，它使用数字给计算机下达指令。

如果人类只能使用机器语言和计算机交流，编程将会非常困难。幸运的是，人们发明了程序设计语言，使得人类和计算机交流变得相对容易。这里列出了一些程序设计语言：

- JavaScript
- BASIC
- Perl
- PHP
- Python
- Java
- Visual Basic
- C
- C++
- Scratch

这些语言都有一个共同点：它们使用人们能理解的单词和符号，并把它们转换成计算机能理解的单词和符号。

程序设计语言是一种用来给计算机下达指令的语言。

本书中的例子都是使用 Scratch 实现的。Scratch 是美国麻省理工学院（MIT）开发的一种程序设计语言，它使用（并教给你）所有程序员都应当知道的重要知识，却又让初学者非常容易学习。

1.3 了解你的编程术语

我们已经知道了一些编程术语，知道了"编码"是计算机程序设计的另一个名字，还知道编写计算机程序设计或编码的人叫作计算机程序员（或者"码农"）。程序设计语言，像人类的语言一样，由不同的部分组成。在英语中，我们有名词、动词、形容词、代词，以及其他语言部分，更不用说标点符号了，它们组成了句子和段落。在程序设计语言中，我们把不同的语句（也叫命令）组合起来变成计算机程序，也叫应用（apps）。

一条命令就是一条用程序设计语言所写的指示，用来告诉计算机去完成一项任务。

一个应用是一系列程序设计命令为了完成任务而按照一定顺序组合在一起的集合。应用也叫计算机程序。

Scratch，还有一些其他的程序设计语言，使用脚本这个术语，脚本是程序的另一个名字。

脚本是计算机程序的另一个称呼，它通常要比应用小且功能比应用有限。

在程序设计中，有很多特定的词语，它们有特定的含义，你将会发现有时对于同一个事情会有很多不同的叫法。为此，我们在本书后面增加了一个术语表，你可以在那里查找或提醒自己那些你不熟悉的术语的意思。

非常棒的一件事情是，Scratch 学习起来非常容易。使用 Scratch 编程，你不需要学习很多新的概念或词汇。闲话少说，就让我们开始吧！

1.4 编写第一个 Scratch 程序

在我们成长的过程中，当我们还是孩子的时候，我们根本不关心要学习某种特定风格的舞蹈。我们只是到处疯跑、跳过各种东西，有时候也会因此而受伤。那第一个 Scratch 程序，我们就来模拟一个老式的朋克摇滚碰碰舞吧。

图 1-1 是我们做好的作品的样子。如果你期望图中的两个角色在鼓点响起时能从墙上或者对方身上弹开，那么对于我们要做的这个作品，你的理解已经很到位了。

1.4.1 加入 Scratch 社区

要在 Scratch 网站*上创建、保存和分享作品，你需要使用自己喜欢的浏览器去访问 MIT 网站上的 Scratch 主页，并在那里注册一个免费账号。打开 Scratch 网站后，你将能看到和图 1-2 类似的屏幕。

图 1-1　你的第一个 Scratch 程序

---

*译注：Scratch 网站会自动识别到你的浏览器偏好设置，显示出中文来。如果它没有显示中文，请到网页底部，单击那里的语言选择框，并选择倒数第二项"简体中文"。

图 1-2　Scratch 网站

使用如下步骤创建免费账号：

1. 单击屏幕中央或者右上角的"加入 Scratch 社区"链接，打开"加入 Scratch"窗口。

2. 在"选一个 Scratch 用户名称"输入框中填入你的用户名。

　　Scratch 通过你的用户名就能知道你，当你分享自己的作品时，别的 Scratch 用户也可以通过你的用户名来找到你。有点儿创造性！选择一个有趣的用户名！为了安全，一个好的用户名不应当泄漏任何个人信息，例如你的全名、年龄、性别或者住址。可以试试在用户名里加入你最喜欢的体育队或乐队的名字来让你的用户名更加个性化。

3. 选择一个密码，填入"选一个密码"和"确认密码"输入框。

　　当创建你的密码时，不要使用别人容易猜到的信息作为密码，比如地址、生日。你的密码应当便于你自己记忆，但为了提高安全性，应当包含数字和标点。

4. 单击"下一步"，你会看到注册的第二个页面。

5. 输入你的出生日期、性别、国家，然后单击"下一步"。

6. 当被询问邮箱地址时，在"您的邮箱地址"和"确认邮箱地址"输入框里输入你的邮箱并单击"下一步"。Scratch 会向你填入的邮箱内发送一封电子邮件让你确认。

7. 单击"确定"按钮。

8. 欢迎窗口出现后，单击"好了，让我们开始吧！"按钮。

9. 检查你的邮箱，当你收到 Scratch 发来的邮件时，单击邮件中的"验证我的邮箱"按钮去确认你的账号。

现在可以开始动手了。下一节就来学习如何开始编程。

1.4.2　遇见 Scratch 小猫

当你加入 Scratch 时，你就可以开始编程了。单击屏幕顶部的"创建"标签页。当新的页面打开时，你就会看到 Scratch 作品编辑器，如图 1-3 所示。

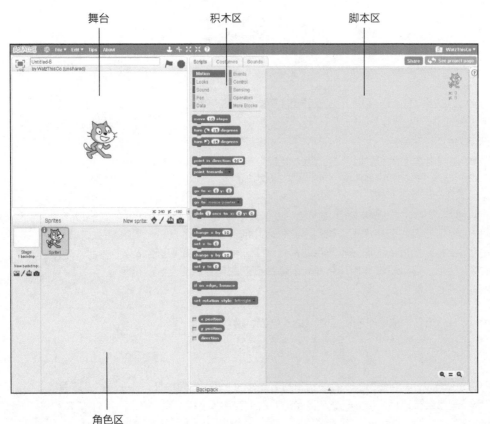

舞台　　　　积木区　　　　脚本区

角色区

图 1-3　Scratch 作品编辑器

不用太担心看不懂这个屏幕上的内容，后面会详细介绍每一部分。现在，让我们来做点儿事情！看到屏幕当中那只酷酷的小猫了吗？它就是 Scratch 小猫。每次在 Scratch 中创作一个新作品时，这只小猫就会出现在那个位置等待你的指令。它所在的那片区域就叫作舞台，那里是你程序当中所有动作发生的地方。

舞台下方的区域叫作角色区。角色区显示了你程序当中每一个角色（也叫精灵）的小图标。

舞台右面的是一个包含各种形状的积木的矩形区域，叫作积木区。你可以把它想象成一个画家的调色板，画家从那里选择各种颜料，再把它们混合起来在画布上作画。

积木区的右面是脚本区，这就是你的画布，在这里你可以把从积木区中选出来的积木拼在一起来让你的角色去做事情。

1.4.3　让 Scratch 小猫动起来

为了更好地理解这些内容，跟着下面的步骤做一做，让 Scratch 小猫做点儿事情：

1.　找到"移动()步"积木，它看上去如图 1-4 所示。

图 1-4　"移动()步"积木

2.　单击"移动()步"积木，把它拖到脚本区。脚本区现在的样子如图 1-5 所示。

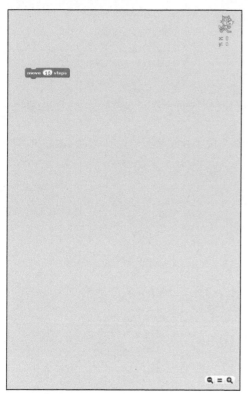

图 1-5　只有一块积木的脚本区

3. 双击"移动 ( ) 步"积木，观察 Scratch 小猫。看到了吗？它向右边移动了一点儿。

4. 单击"移动 ( ) 步"积木中的数字 10，高亮选中，把它改成 20。

5. 双击积木，现在 Scratch 小猫移动的距离是上次的两倍那么远。

6. 试着将"移动 ( ) 步"积木中的值改成更大的数字，看看效果。

1.4.4 拼积木

注意，"移动 ( ) 步"积木看上去有点儿像拼图块，它的使用方式也和拼图块类似！每当看到这种形状的积木块的时候，你就知道它可以和另外的积木块拼接在一起。

使用下面的步骤将几块积木拼到一起，让 Scratch 小猫做点儿更复杂的事情：

1. 在积木区找到"向右旋转 ( ) 度"积木，它的样子如图 1-6 所示。注意它和"移动 ( ) 步"积木形状一样。

图 1-6 "向右旋转 ( ) 度"积木

2. 将"向右旋转 ( ) 度"积木拖到脚本区，拼到"移动 20 步"积木下面。当它们拼在一起时，样子如图 1-7 所示。

图 1-7 你拼好的第一组积木

双击拼在一起的积木组合，注意观察舞台上的小猫。第一块积木中的指令动作先发生，然后第二块积木中的指令动作发生。

右键单击积木组合，从菜单中选择"复制"，可以生成和现有积木组合完全一样的一份拷贝。试试看！将这两份积木组合拼在一起，组成图 1-8 中的样子。

图 1-8 复制积木

单击整个积木组合，观察 Scratch 小猫的动作。

1.4.5 循环动作

如果想让 Scratch 小猫一遍一遍不停地做这组旋转和移动的动作，你可以继续复制出很多份这样的积木组合，或者使用循环。

循环是一块积木，它可以让自己包围住的指令重复执行一次或多次。

执行如下步骤创建一个循环：

1. 单击第二块"移动 20 步"积木往下拖，将下面两块积木和上面两块积木分开。

2. 右键单击第二组积木，从菜单中选择"删除"，将积木组合从脚本区删除。

3. 单击彩色积木区的"控制"分类，找到"重复执行"积木（如图 1-9 所示）。

图 1-9　"重复执行"积木

4. 将"重复执行"积木拖到脚本区，放在"移动 () 步"和"向右旋转 () 度"积木上面，并包围住它们，如图 1-10 所示。

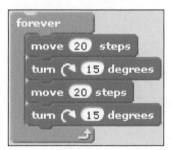

图 1-10　使用"重复执行"积木包围住其他积木

当把积木拼接并包围在一起时，要确保它们放在正确的位置没有重叠；否则你的脚本将不会执行。

5. 双击这些积木组合，看看会发生什么！Scratch 小猫开始不停地移动和旋转，直到你单击如图 1-11 所示的停止图标。

图 1-11　停止图标

6. 单击停止图标结束循环。

技巧提示　　停止循环，还有其他方式，我们将会在探险 3 "使用控制分类积木"中学到。

1.4.6　使用绿旗开始执行

我们可以看到，在停止图标的旁边有一个绿色旗帜，它被称为执行图标，单击它可以让程序中所有的动作开始执行，而不是在积木块上双击。

为了让绿旗积木起作用，可以使用如下步骤：

1. 在积木区，单击"事件"分类，如图 1-12 所示。

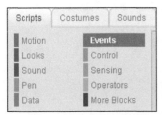

图 1-12　选择"事件"分类积木

技巧提示　　请记住，在 Scratch 中，一段脚本是连接在一起的一系列命令的组合，它可以命令角色做任务。

2. 把"当绿旗被单击"积木拖到脚本区，拼到当前脚本的最上面。此时，整个脚本看起来应当如图 1-13 所示。

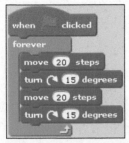

图 1-13　在程序中添加绿旗事件

3. 单击舞台上的绿旗图标，查看程序的执行效果。Scratch 小猫开始绕圈跑。

4. 若你不想让小猫再跑，单击舞台上方的停止图标。

1.4.7　从墙上弹开

小猫绕圈跑很酷，不过应当再加些命令让小猫再多走一点儿。可以使用如下的步骤告诉小猫做更多的事情：

1. 单击"向右旋转 15 度"积木，把它从脚本区拖回到积木区，它就从你的脚本中消失了，如图 1-14 所示。

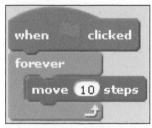

图 1-14　删除向右旋转积木之后的程序

2. 单击绿旗图标运行程序，Scratch 小猫径直跑向舞台右方，并且不停地跑。
3. 单击停止图标。
4. 在积木区单击"动作"分类，将"碰到边缘就反弹"积木拖到脚本区，拼在移动积木下面，如图 1-15 所示。

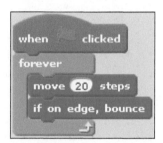

图 1-15　添加"碰到边缘就反弹"积木

5. 单击绿旗图标，看看 Scratch 小猫现在会干些什么。

它不停地到处跑、碰撞墙壁，直到你单击停止图标才会停下。差不多就是这样！比较像碰碰舞了，但还不是真正的碰碰舞，除非还有其他跳舞的人。下一节，我们将在舞台上添加第二个角色。

1.4.8　创建角色

查看舞台下方的角色区，在顶部能看到"新建角色"4 个字和一些图标。除了 Scratch 小猫外，Scratch 还有许多内建的角色，我们可以在程序中使用它们。你也可以通过上传图片甚至拍照来创建你自己的角色。

1. 单击"从角色库中选取角色"，它是"新建角色"右面的第一个图标。
2. 浏览角色库选择一个你喜欢的角色。
3. 找到你想使用的角色后，单击角色库底部的"确定"按钮。你选中的新角色就会被添加到舞台和角色区。

添加好第二个角色后，能看到脚本区变成空的了，这是因为每个角色都有自己的脚本区，只有当角色被选中的时候，它的脚本区才可见。我们刚刚才添加了这个角色，所以它还没有任何脚本。

单击绿旗图标，能看到第一个角色会在舞台上到处碰来碰去，但是新添加的角色还不会动。

要让新角色动起来，使用如下步骤：

1. 在角色区上，单击 Scratch 小猫。
2. 单击脚本区的第一块积木（"当绿旗被单击"积木），把它拖到角色区，放在新角色的顶部。
3. 单击角色区上的第二个角色，能看到第一个角色的脚本被拷贝到了第二个角色。
4. 单击绿旗图标。现在两个角色都在舞台上弹来弹去了。有趣！

1.4.9 处理在舞池中的碰撞

你可能注意到了，两个角色交互时，非常奇怪。在真实的跳舞场景中，当两个人发生碰撞，他们会互相弹开，现在我们让这两个角色也碰撞并弹开！

在角色区选中其中一个角色，因为两个角色的脚本相同，所以选中哪个都可以。我们先给一个角色添加碰撞脚本，然后再拷贝给另外一个角色。

1. 单击积木区的"控制"分类，打开它。
2. 找到"如果 () 那么"积木，它看上去如图 1-16 所示。

图 1-16 "如果 () 那么"积木

3. 将"如果 () 那么"积木拖到脚本区，拼到"碰到边缘就反弹"积木下面，如图 1-17 所示。

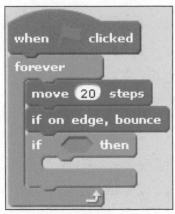

图 1-17 将"如果 () 那么"积木添加到脚本区

接下来，我们会用到一种新类型的积木——侦测类积木，我们用它们来检查角色是否碰到了对方。

1. 单击"侦测"分类。
2. 将"碰到 ()"积木拖到脚本区，拼到"如果 () 那么"积木的空槽中。

空槽会自动扩大来适应"碰到 ()"积木的大小，新的积木会拼到正确的位置，如图 1-18 所示。
注意，"碰到 ()"积木里面有一个下拉菜单。

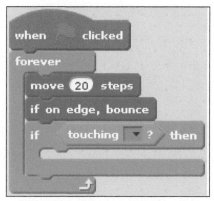

图 1-18 将"碰到 ()"积木添加到"如果 () 那么"积木当中

3. 单击"碰到 ()"积木中的下拉菜单并选择舞台上另一个角色的名字。

现在，一旦这个角色碰到另一个角色，它就执行"如果 () 那么"积木当中的动作。

4. 单击"动作"分类积木，打开它。

5. 将"向右旋转 () 度"积木从"动作"分类当中拖到脚本区并拼在"如果 () 那么"积木当中。

6. 将"移动 () 步"积木拖到脚本区并拼在"向右旋转 () 度"下面。

7. 将"向右旋转 () 度"中的值改为 20。

8. 将"移动 () 步"中的值改为 30。

程序现在的样子应当如图 1-19 所示。

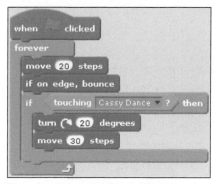

图 1-19 增加了碰撞处理的跳舞脚本

9. 拖动脚本把它放到角色区中另一个角色的缩略图上，将脚本拷贝给另一个角色。

10. 单击角色区中的另一个角色。

应当能看到新角色和老角色（没有"如果 () 那么"积木）。如果在这里只能看到一组脚本，单击它并拖开，就能看到藏在后面的另一组脚本。

11. 右键单击老的脚本，从下拉菜单中选择"删除"，删除老的脚本。

12. 最后，从"碰到 ()"积木的下拉菜单中选择另一个角色的名字，这样每一个角色碰到对方时就会旋转并移动。

13. 单击绿旗开始狂舞!

1.4.10 慢下来

这场舞跳得太快了。如果这样持续下去,肯定会颁布一道法令禁止跳舞! 使用以下步骤让舞慢下来:

1. 到"控制"分类找到"等待()秒"积木,如图 1-20 所示。

图 1-20 "等待()秒"积木

2. 将"等待()秒"积木拖到脚本区,拼在第一块移动积木上面。

现在等待积木是重复执行积木当中的第一块积木,如图 1-21 所示。

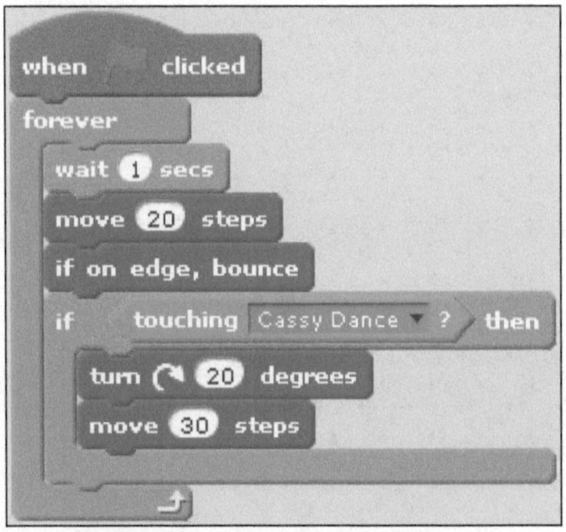

图 1-21 将"等待()秒"积木加入脚本

等待积木的行为就如同它的字面意思:它让角色在执行下一条指令之前等待几秒钟。

如果只想让舞蹈慢下来而不是停下来,可以将等待积木中的值改成一个比较小的数字。

3. 单击"等待()秒"积木中的数字高亮选中它,将它改成 0.1。

4. 单击绿旗,可以看到其中一个角色已经比另一个角色移动得慢多了。

5. 使用同样的方式修改另一个角色的脚本。

祝贺你完成了自己的第一个计算机程序! 这场探险的下半部分,我们将带你参观 Scratch 的作品编辑器。通过前面模拟碰碰舞的程序,你对它已经多少有点儿熟悉了,不过,请继续读下去,因为下几页将告诉你一些创作有趣作品的术语以及 Scratch 的输入和输出。

1.5 学习 Scratch 编程环境

从 2.0 版本开始,Scratch 作品编辑器同时拥有在线和离线版本。这意味着你既可以将 Scratch 下载并安装到你的计算机上,也可以通过访问 Scratch 网站使用它的在线版本。使用离线版本的好处是你可以不需要互联网连接。同时，在线版本有时候会比较慢，当很多人同时使用它的时候，它还会抽风。离线版本就没有这些问题。

在本书中，我们使用在线版本。你会发现，在线版本有很多有趣的协作和分享功能，这是离线版本所没有的。在线编程可以让你分享自己的作品给朋友，还可以帮助你交到能让你提高编程水平的朋友。

克里斯和伊娃说

如果你想安装离线版本，请查看附录 A（在书的后面）中的说明。要完成本书中的大多数探险，使用 Scratch 在线版本和离线版本都可以，它们都是免费的。

知道了 Scratch 在线版本和离线版本的区别，我们来看看它们是怎么工作的。

1.5.1　探秘 Scratch 作品编辑器

无论你是在 Scratch 网站中单击了顶部菜单栏中的"创建"按钮，还是使用离线编辑器，你在 Scratch 中用来编程的地方，都叫作 Scratch 作品编辑器。

Scratch 作品编辑器被划分成了多个部分。当第一次打开它的时候，左边有两个部分，中间有一个，右边有一个。我们把这些部分叫作区。你可以把它们想象成窗户上的玻璃。和窗户不同的是，你可以很容易地改变这些区的大小。

技巧提示

当你看到两个区中间有小箭头时，可以单击这个箭头来改变这个区的大小。

请注意，在中间瘦长的区域（叫作积木区）和左边两块区域（舞台区和角色区）之间有一个小箭头。现在单击这个小箭头，右面的区域，即脚本区，就会变大，而左边的区域就变小了，如图 1-22 所示。

当你需要编写有很多复杂指令的大型脚本时，这个改变区域大小的功能非常有用，因为它可以让你同时看到更多脚本。

视频资料

访问 www.wiley.com/go/adventuresincoding 选择视频 Adventure 1 可以查看 Scratch 作品编辑器的介绍。

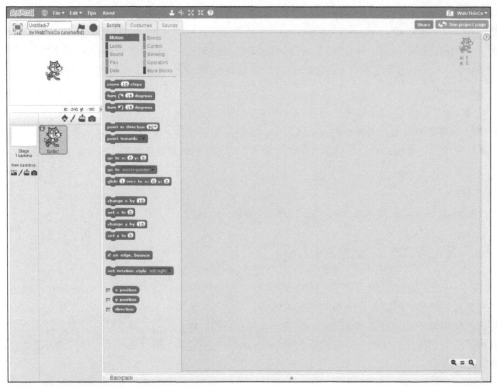

图 1-22　调整过区域的 Scratch 作品编辑器

1.5.1.1　工具栏

工具栏位于 Scratch 的最顶部，它提供了一些在 Scratch 编程中有用的功能。图 1-23 显示了工具栏的样子。

图 1-23　Scratch 工具栏

工具栏上的第一个链接是 Scratch 图标，单击这个图标，就可以访问 Scratch 官网。在 Scratch 官网上，你可以找到你关注的其他 Scratch 爱好者的最新消息、阅读 Scratch 的最新新闻、欣赏特色作品，并可以查看来自全世界各地的人们创作的各种作品。我们推荐你花些时间浏览下其他人在使用 Scratch 做什么。Scratch 官网上有一些非常不错的作品。

在 Scratch 图标右面有一个地球仪图标。单击这个图标能看到 Scratch 支持的语言列表。上下翻滚这个列表看看，很神奇，对不对？试试选择不同的语言，看看 Scratch 作品编辑器有什么变化。图 1-24 是 Scratch 作品编辑器的法语版。

如果你想换成英语版本，就从"语言"菜单中选择"English"（"English"是菜单中的第一个选项）。*

---

*译注：如果想换回中文版本，就从"语言"菜单中选择"简体中文"（"简体中文"位于倒数第二项）。

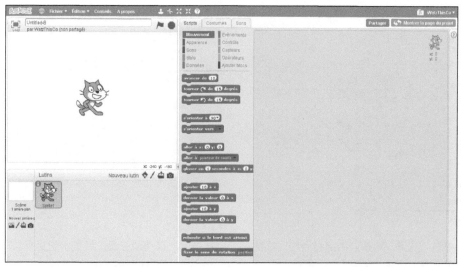

图 1-24　Scratch 的法语版

"语言"菜单的右面是"文件"菜单，如图 1-25 所示。

图 1-25　"文件"菜单

通过"文件"菜单可以创建一个新作品、保存当前作品、访问你保存的作品列表（叫作"我的工作室"）、从你的计算机上传作品，以及回退到作品之前保存过的旧版本。

"文件"菜单的右面是"编辑"菜单。"编辑"菜单中的第一项，当你有需要时，会非常重要，那就是"撤销删除"链接。如果最近没有删除过东西，"撤销删除"链接是灰色的，表示你没有东西可以撤销；但是，如果你不小心删除了一段脚本或者一个角色，请记住 Scratch 这个功能，你可以到"编辑"菜单中去改正你的错误。

可以使用如下步骤测试"撤销删除"链接：

1. 右键单击舞台上的一个角色，从菜单中选择"删除"，如图 1-26 所示。

哦，不！你不应当删除那段脚本的！犯了好严重的错误！不过别急，这里有一个"撤销删除"选项。

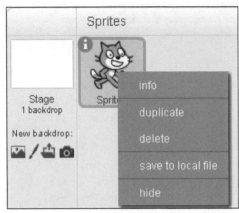

图 1-26　删除一个角色

2. 单击工具栏中的"编辑"菜单，当它打开时，能看到"撤销删除"链接现在是白色的，这表示你现在可以使用它，单击"撤销删除"链接。

你的角色以及和它相关的所有脚本都神奇般的回来了。大松一口气！差点儿搞出大麻烦！

"编辑"菜单中的下一个选项是小舞台布局模式。单击它，会看到脚本区变大了，同时左边的区域都变小了，这和你单击舞台右方的小箭头效果是一样的。

"编辑"菜单的最后一个选项是加速模式。加速模式能让你的脚本以计算机支持的最快速度运行，这对于大量作图和动画的脚本非常有用。

"编辑"菜单右面是"帮助"链接。单击"帮助"可以看到从屏幕右面出现了一个菜单，"帮助"菜单中的每一项都是一个作品指南，向你演示如何在 Scratch 中创作不同类型的作品。

工具栏的最后一个链接是"关于"，它指向 Scratch 的介绍、开发者和使用者页面。

如果停留在工具栏上，再往右面看一点儿，能看到一个如图 1-27 所示的图标列表，单击这些图标可以很方便地使用 Scratch 中的一些功能。

图 1-27　工具栏图标

第一个是复制图标，如图 1-28 所示。

图 1-28　复制图标

可以使用如下步骤使用复制图标：

1. 单击复制图标，鼠标指针变成橡皮印章的样子。

2. 使用这个橡皮印章去单击程序中的一段脚本或者一个角色，就会创建出该脚本或角色的一份拷贝。如果你复制的是角色，那数字 2 就会自动添加到角色的名字里以区别于原来的角色。

复制图标右面是删除图标。使用如下步骤使用删除图标：

1. 单击工具栏上的删除图标（它看上去像一把剪刀）。

2. 使用这把剪刀在舞台上、角色区或脚本区单击，单击的对象就会被删除。

技巧提示

请记住：使用"编辑"菜单中的"撤销删除"链接可以找回删除的东西。

工具栏中的另外两个图标是放大和缩小工具。可以使用它们来放大或缩小舞台上的角色。试试如图 1-29 所示那样改变角色的大小。

图 1-29　角色可以有不同的大小

试试运行调整过角色大小的碰碰舞模拟程序，观察一下角色大小对程序的影响，看看大尺寸的角色是如何更频繁地碰撞舞台边缘和另一个角色的。

工具栏上的另一项是帮助工具，它们能让你快速浏览一块积木如何工作。要使用它，需要单击这个工具（它看上去像是圆圈里面有个问号）并单击屏幕上的一块积木。一个帮助框就会打开，那里能看到你刚刚单击的积木的更多信息。

下面来看看工具栏的右边。能看到一个文件夹样子的图标，上面有一个 S，这个图标会链接到"我的项目中心"，"我的项目中心"里有你保存下来的所有作品。

在"我的项目中心"链接右面，是你的用户名。注意那里有一个箭头指向下方，当你单击自己的用户名时，会出现一个菜单，里面有一项链接到你的个人资料，还有一项链接到"我的项目中心"，此外还有一个账号设置链接和一个登出链接。

在个人信息页面里，你可以填写自己相关的一些信息——包括你的照片、简短的自我介绍、你正在做的事情的描述（例如，你可能会写上"我正在读《零基础学 Scratch（图文版）》！"），以及你分享的和喜欢的作品。

我们的个人信息页面如图 1-30 所示。

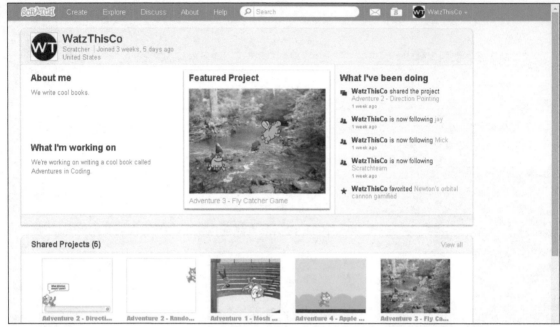

图 1-30　Scratch 个人信息页面

克里斯和伊娃说　　　将你的在线资料做得个性化一点儿是一件非常有趣的事情。为了安全起见，个人信息页面里不要填写太详细的个人信息，比如你的家庭住址、电话号码或者年龄等。

工具栏就介绍到这里。下一节将介绍 Scratch 作品编辑器的舞台。

1.5.1.2　舞台

大家已经知道，舞台是角色执行脚本的地方。在舞台的顶部是绿旗图标和停止图标，它们用来控制一个项目是执行还是停止。

在绿旗图标和停止图标左边是作品名字区域，它是一个文本输入框，你可以在那里给自己的作品取个你喜欢的名字。例如，你可以把碰碰舞模拟作品叫作"探险 1- 碰碰舞模拟器"，如图 1-31 所示。

图 1-31　给作品取个名字

1.5.1.2.1　舞台坐标

看看舞台的右下角，能看到一个 x 后面跟着一个数字，还有一个 y 后面也跟着一个数字。单击舞台，四处移动鼠标，注意观察 x 和 y 后面的数字是怎样随着鼠标移动而变化的。

这些数字代表了你的鼠标指针在舞台上的位置。探险 2 "Scratch 世界到底在哪里"，会更详细的介绍这些数字。

1.5.1.2.2　背景区

Scratch 作品编辑器的左下角是背景区，在那里可以改变舞台的外观（叫作舞台背景）并给舞台添加脚本。背景区看上去如图 1-32 所示。

图 1-32　背景区

当开始创作一个 Scratch 新作品时，这个作品有一个空白的舞台背景。可以使用"新建背景"图标栏来改变舞台背景。新建背景图标栏如图 1-33 所示。

图 1-33　"新建背景"图标栏

单击"新建背景"图标栏的第一个图标，就在一个新的窗口打开了 Scratch 的背景库。从背景库中选择一个背景并单击"确定"。选中的背景就应用到舞台上去了。

使用其他的背景图标，还可以自己画一个新背景、从自己的计算机上传一个图片当背景，或者拍一张照片当背景。

1.5.1.3　角色区

角色区位于舞台正下方，那里列出了你的程序中所有角色的小图标。

在角色区的顶部，是用于新建角色的 4 个图标，如图 1-34 所示。

图 1-34　新建角色图标

除了复制已经存在的角色外，还可以通过下面任意一种方式来创建新角色：

- **从角色库中选取角色。**Scratch 的角色库中有几百种不同的图片和图标，你可以在程序中自由使用。
- **绘制新角色。**当单击"新建角色"右面的"绘制新角色"工具时，绘图编辑器就会打开，你可以在那里画角色。
- **从本地文件中上传角色。**如果你想用照片或图片做角色，你可以通过这里上传。
- **拍摄照片当作角色。**如果你的计算机上有摄像头，你可以用它拍照片，然后把照片当作角色。

1.5.1.4　角色信息面板

当在角色区上选中一个角色时，角色的周围就会出现蓝色的边框，左上角还会出现一个蓝色的 info 图标，如图 1-35 所示。

图 1-35　一个被选中的角色

单击其中一个角色的 info 图标，可以查看角色信息面板。可以使用角色信息面板查看或者修改该角色的一些设置，包括：

- 角色的名字
- 角色当前的位置
- 角色的旋转模式
- 角色能否被旋转，还是只能左右滑动
- 用户是否可以在舞台上拖曳角色
- 角色是可见还是隐藏

1.5.1.5　脚本区

在脚本区里，你可以把同一个角色的积木组合在一起形成脚本。在角色的脚本区里，你想加多少积木都可以。但是，对于大型程序，角色的脚本区会非常拥挤，如图 1-36 所示。

在 Scratch 脚本编辑器的中部，有 3 个标签页：脚本、造型和声音。单击其中一个标签，就会把它对应的区域激活。

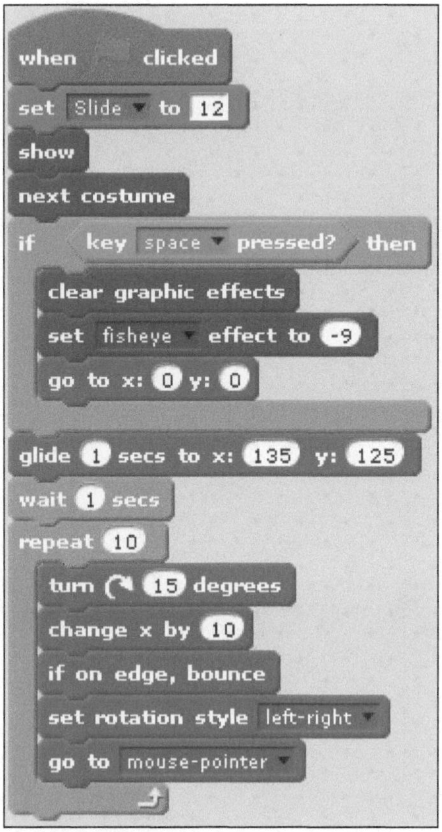

图 1-36　脚本区可能会非常拥挤

在探险 9 中，你会学到如何创建自己的积木块以减少或消除积木的杂乱拥挤状态。

1.5.1.6　积木区

选中"脚本"标签页可以访问积木区，在这里，你可以选择积木并把它们拖到脚本区。Scratch 包含 10 种不同类型的积木，可以单击积木区菜单里不同的积木分类来选择某一种类型。这 10 种类型如下：

- 动作
- 外观
- 声音
- 画笔
- 数据
- 事件
- 控制
- 侦测
- 运算
- 更多模块

1.5.1.7　造型区

紧挨"脚本"标签页的是"造型"标签页，单击它会打开造型区，如图 1-37 所示。

图 1-37　造型区

造型是角色另外的形象。任何一个角色可以有一个或多个造型。默认的 Scratch 小猫有两个造型，如图 1-38 所示。当在这两个造型间切换时，小猫看上去就像在走路一样。

图 1-38　Scratch 小猫的两个造型

可以在造型区上查看、编辑和删除角色的造型。

1.5.1.8 声音区

单击"声音"标签页，声音区就打开了，如图 1-39 所示。

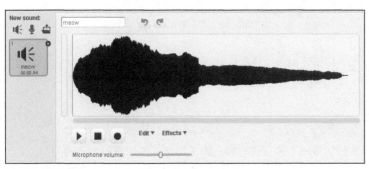

图 1-39　声音区

在声音区中，你可以创建、导入和编辑 Scratch 中的声音。你可以录制自己的声音、从本地文件上传声音，或者下载并使用别的 Scratch 用户创建的声音。

1.5.2　在 Scratch 中使用颜色和形状

你可能已经注意到了，Scratch 中的积木是根据它们的功能分类用颜色来标记的。例如，动作积木是蓝色的，数据积木是橙色的，运算符积木是绿色的。

积木也根据它们的不同功能用不同的形状标记。当对 Scratch 了解比较多时，要特别注意积木的形状。积木的形状不仅能表明它们是如何拼接在一起的，还会告诉你在项目中它们是如何交互的。

Scratch 中的积木有如下几种形状：

- 堆栈积木。这些积木是长方形的，看上去像拼图块。它们可以拼在其他积木块的上面或下面。它们表示程序中做某种事情的动作。"移动 () 步"积木就是一块堆栈积木。
- 盖子积木。盖子积木看上去像一块拼在边缘的拼图块。盖子积木用来停止一段脚本或一个作品。"停止全部"积木就是一块盖子积木。
- 信息积木。它们是包含一个值的椭圆形积木。它们表示要放入其他需要值的积木里面的一个数字或一段文本。"大小"积木就是一块信息积木。
- 帽子积木。这些积木有着像帽子一样弯曲的顶部，它们能触发拼在一起的一系列积木的执行。"当绿旗被单击"就是一块帽子积木。
- C-积木。这些积木的形状像字母 C。它们有一个嘴巴样的开口，其他积木可以拼在里面。C-积木用于完成循环或做决定。"重复执行"积木就是一块 C-积木。
- 布尔积木。这些积木是六边形的，在左右两边都有指引。在程序中使用布尔积木时，它们表示一个值真或假。"碰到 ()"积木就是一块布尔积木。

1.6　进一步探索

在我们继续下一次探险之前，有另一件重要的事情要告诉你：那就是 Scratch 官网。在 Scratch 官网，你可以找到创作新作品的灵感、学习更多的 Scratch 知识，并且和其他 Scratch 爱好者分享你的作品。

在 Scratch 官网主页，顶部有一个菜单。单击"探索"标签页，就能看到像你一样的 Scratch 用户创建的很多作品。还可以看到很多不同的工作室，工作室是一个人们展示作品的地方，像一个画廊，而且和艺术画廊一样，Scratch 的工作室有管理员。

管理员是负责艺术博物馆里展出作品的管理者或监护者。有一些 Scratch 工作室，如果你追随他们，他们允许你当他们的管理员；还有一些工作室，只有被推荐才能成为他们的管理员。

你可以在"个人中心"中单击"我的工作室"来创建你自己的工作室。你还可以申请成为 Scratch 主页面的管理员！这意味着你有权选择自己喜欢的作品，把它们放到 Scratch 主页面上展示。可以访问 https://scratch.mit.edu/studios/386359/projects/ 去申请 Scratch 主页面管理员。

还有很多很多有趣的功能和事情有待发现。在继续下一章"探险 2"之前，请花点儿时间访问一下 Scratch 官网。

解锁成就：你的第一个 Scratch 作品

下一次探险

在下一次探险中，你将继续深入学习 Scratch 作品编辑器，并学习可以让角色在舞台上移动的所有不同的方法。

探险 2

Scratch 到底在哪里

本次探险中，我们来搞清楚 Scratch 是如何测量距离的。我们将学习如何使用不同的方法让角色在舞台上移动、如何反转和旋转它们，我们还将学习如何设置舞台背景来让程序中的动作好像发生在自己选定的或者创建的场景当中，这个场景甚至可以是自己的家中或者后院。

2.1　设置舞台

观察一下 Scratch 的舞台，在 Scratch 作品编辑器中，它是相对比较小的部分，但却是程序中任何可见部分发生的地方。舞台在屏幕上占据的空间大小取决于计算机显示器的大小。在大多数屏幕中，它大约占四分之一，或者可能更少，如图 2-1 所示。

尽管舞台相对来说比较小，它却是由 172 800 个小点组成的，每个这样的小点叫作像素。

一个像素是组成一幅图像或者计算机屏幕的许多小点之中的一个。

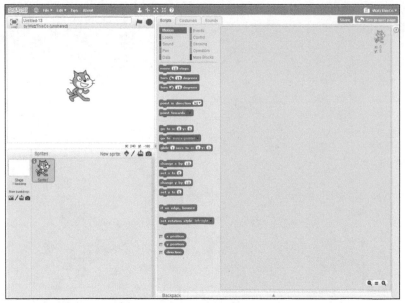

图 2-1　舞台只占据 Scratch 作品编辑器的一小部分

如果使用如图 2-2 所示的小舞台布局模式，舞台上也还是有 172 800 个不同的像素。你可能想知道这怎么可能，因为小舞台布局模式下屏幕明显小得多。答案是，小舞台布局模式拉近了舞台上各个像素，这使得每个像素离它周围的像素更近，从而使得舞台上的所有角色更小。因此，在普通的、全尺寸舞台布局模式下，让 Scratch 小猫移动 10 步，看上去要比在小舞台布局模式下移动 10 步走得更远，如图 2-3 所示。这是因为，与小舞台布局模式相比，全尺寸舞台布局模式下的像素分布得更加分散一些。

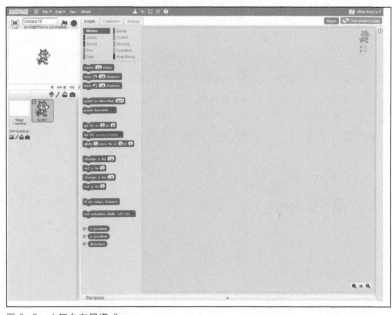

图 2-2　小舞台布局模式

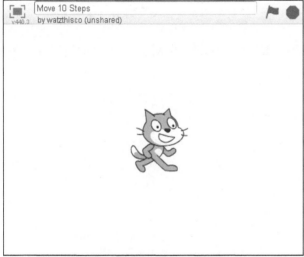

图 2-3　小舞台布局模式（上图）和全尺寸舞台布局模式（下图）具有相同数量的像素，但是像素彼此间更靠近

 　可以单击舞台区和积木区之间的小箭头或从"编辑"菜单中选择"小舞台布局模式"选项来使用小舞台布局模式。

2.1.1　和舞台交互

当程序不在运行时，你可以拖动角色在舞台上到处走。可以按照如下步骤亲自试一试：

1. 在 Scratch 官网主页，单击"创建"标签页来创作一个新作品。Scratch 作品编辑器就会打开一个空白的舞台，上面只有一个角色，那就是 Scratch 小猫。

2. 单击 Scratch 小猫并将它拖到舞台上另一个地方。

3. 将 Scratch 小猫尽可能地向舞台的右边拖动，发现小猫会自动退回到你最初拖动它的地方。

4. 现在，试试将小猫拖出舞台边缘一点儿。就能看到它停留在这个新的位置了，它的一部分显示在舞台上，另一部分不显示在舞台上。

现在，让 Scratch 小猫先待在那里。下一节我们一起探索舞台背景，然后再回来学习，看看都有哪些方法可以让 Scratch 小猫在舞台上到处移动。

2.1.2　自定义舞台背景

背景是一个特殊的角色，它覆盖住了整个舞台。你可以把它想象成一个照相馆的拍照背景或者剧院的舞台背景。

就像剧院的舞台背景一样，在 Scratch 中你可以通过切换舞台背景来改变程序的场景和氛围。在上一次探险中，我们从背景库中选择了一个新的舞台背景；在这次探险中，我们来探索如何自己绘制一个舞台背景或者用图片来创作一个舞台背景。

要创作自己的舞台背景，单击 Scratch 作品编辑器左下角"新建背景"图标栏的画笔刷图标，绘图编辑器就会打开，如图 2-4 所示。

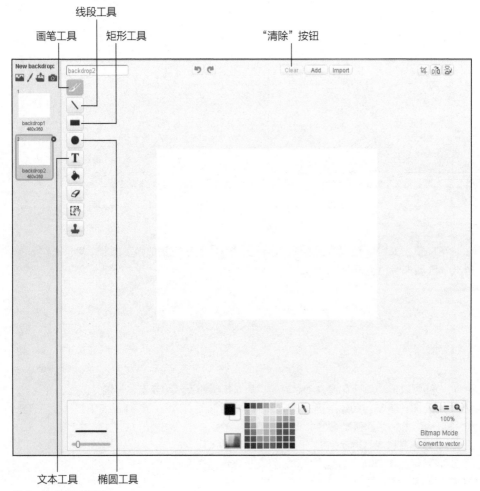

图 2-4　绘图编辑器

背景面板出现在绘图编辑器的左边，上面列有当前作品中所有背景的小图（也叫缩略图）。现在，所有的缩略图都是空白的，当前选中的背景应当是背景 2。

　　背景面板右面是绘图工具栏。请使用如下步骤试试每个工具的作用：

1. 单击画笔工具，它是工具栏的第一个工具（见图 2-4，查看各种工具的位置）。

2. 从绘图编辑器中底部的颜料盘中选择一种颜色，如图 2-5 所示。

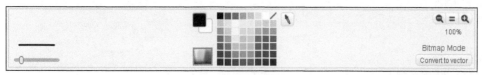

图 2-5　颜料盘

3. 在颜料盘左边，拖动线宽滑块调整画笔的粗细。

4. 在空白画布中间单击，就画出了一个点，这个点的颜色就是你从颜料盘中选择的颜色。

5. 单击并按住鼠标左键在画布上拖动，就画出了一条选定颜色和宽度的线。

6. 下一个工具是线段工具。单击它，在画布上按下鼠标左键并拖动，就能画出直线。

7. 工具栏中的下一个工具是矩形工具，单击它。

8. 按下鼠标左键在画布上拖动，就画出了一个矩形。如果想画一个正方形，就在画矩形的时候按住 Shift 键。

9. 单击椭圆工具。它的效果和矩形工具类似，能画出一个椭圆；按住 Shift 键则画出一个正圆。

10. 单击画布上方的"清除"按钮，就把画布上所有的东西都擦除了。

11. 试着用画笔工具、矩形工具、椭圆工具在画布上画一个背景（可能会有树、房子、动物）。我们画好的背景如图 2-6 所示。

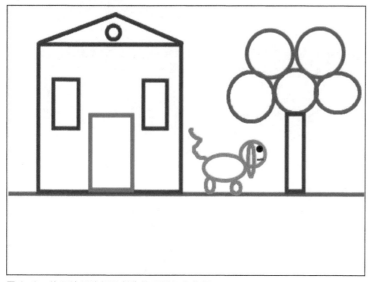

图 2-6　使用绘图编辑器创作的可爱舞台背景

绘图编辑器上的下一个工具是文本工具。使用文本工具，你可以输入各种颜色和字体的文字。

字体是完整的一全套字母和数字的设计图案。例如，如果仔细看就会发现，在这个定义中的字母和本书后面文本中所用的字母看上去不一样，这是因为在这个定义中使用了一种不同的字体。

文本工具使用方法如下：

1. 单击绘图工具栏中的字母 T 图标（见图 2-4，查看文本工具的位置）。
2. 在画布上工具栏的右边任意地方单击一下。
3. 输入一些具体内容，比如你的名字，能看到文字就出现在了画布上。
4. 在绘图编辑器底部的面板中，从"字体"菜单中选择一种字体。注意观察文本，能看到它已经变成了新字体。
5. 在颜料盘里单击一种颜色，给文本选择一种不同的颜色。

2.1.3 使用照片做舞台背景

如果你的计算机上装有摄像头或里面存有照片，就可以使用它们作为背景。要上传自己的照片作为舞台背景，请使用如下步骤：

1. 在"新建背景"下，单击含有向上箭头的文件夹图标，打开文件选择对话框。
2. 浏览计算机上的照片并选择一幅。

宽度大于高度的照片比较适合作为背景。如果你在 Scratch 中使用手机拍的照片作为背景，那拍照的时候要把手机横过来以便拍一张横向的照片。

3. 单击"打开"按钮导入选中的照片作为背景，如图 2-7 所示。

2.1.4 给舞台拍一张照片

关于舞台，你还可以做一件事——给它拍一张照片！要给舞台拍照片，右键单击（或者按住 Ctrl 键单击舞台），就会打开一个菜单，上面只有一个选项：Save Picture of Stage。

单击"Save Picture of Stage"打开文件保存对话框。你可以使用这种方式将图片文件存储到你的计算机上。当保存好图片后，你可以把它发送给朋友、在网络上分享，甚至打印出来。

图 2-7　使用照片创建个性化的舞台背景

2.2　理解舞台上的坐标

前面提到，舞台由 172 800 个像素组成，但是不要一个一个去数像素，怎么样才能知道是这个数字呢？我们知道舞台宽 480 个像素、高 360 个像素。480 乘以 360，就得到了 172 800 这个数字。

在 Scratch 中，通过告诉角色移动到一个特定的垂直位置（上下移动）以及一个特定的水平位置（左右移动），就可以把这个角色放到舞台上任何一个位置（甚至是舞台外的位置）。在 Scratch 中，角色移动的每一个像素都被称为一步，因此让 Scratch 小猫移动 10 步，实际上就是让它移动了 10 个像素。

水平位置使用字母 x 表示，垂直位置使用字母 y 表示。

科学家、程序员，以及制图师把使用 x 和 y 表示位置的系统叫作笛卡尔坐标系统。这个系统是由 17 世纪的勒奈·笛卡尔先生发明的，人们从那时一直沿用至今！

2.2.1　占据舞台中央

当在 Scratch 中新加一个角色时，它会出现在舞台的中央。舞台中央的 x 值是 0，y 值也是 0。可以打开一个新角色的角色信息面板，在角色缩略图的右面查看它的 x 和 y 值，确定它是否在舞台中央，如图 2-8 所示。

图 2-8　新角色从舞台中央开始

如果把一个角色从舞台中央移开，还可以使用"移到 x:() y:()"积木让它重新回到舞台中央。可以使用如下步骤试试这块积木。

1. 单击一个角色并把它从舞台中央拖开，向舞台右上角拖去。
2. 在积木区"动作"分类中找到"移到 x:() y:()"积木，拖到脚本区，如图 2-9 所示。

图 2-9　将"移到 x()y()"积木拖到脚本区

3. 单击 x 旁边的椭圆，把里面的值改成 0。
4. 单击 y 旁边的椭圆，把里面的值改成 0。
5. 双击"移到 x:() y:()"积木，角色就跳回到了舞台中央。

2.2.2　上下左右移动

知道了如下 4 条法则，你就可以毫无困难地把角色移动到舞台上的任意位置。

- 舞台右面每一个位置的 x 值都是一个正数。
- 舞台左面每一个位置的 x 值都是一个负数。
- 舞台上面每一个位置的 y 值都是一个正数。
- 舞台下面每一个位置的 y 值都是一个负数。

图 2-10 使用表格展示了这 4 条法则。

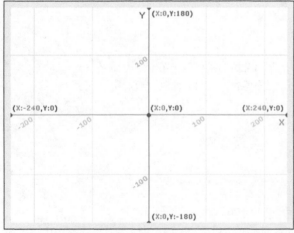

图 2-10　在舞台上将 x 和 y 可视化

舞台最顶部的 y 值是 180，最底部的 y 值是 −180；舞台最右边的 x 值是 240，最左边的 x 值是 −240。

访问本书配套网站 www.wiley.com/go/adventuresincoding 选择 Adventure 2，和 Scratch 小猫还有伊娃一起玩一个猜坐标游戏。

视频资料

2.3　知道你的方向

知道了如何让角色在舞台上移动，就可以学习如何让它们旋转和反转了。

当使用"移动()步"积木让角色移动时，它通常沿直线移动，移动的步数（像素）是你在积木的椭圆槽处输入的数字。如果想要改变角色移动的方向，就需要旋转角色，让它面向一个不同的方向。要旋转角色，需要熟悉一下指南针是如何工作的。指南针使用度来测量方向（东、西、南、北），一个完整的圆共有 360°。在指南针中，北是 0°，东是 90°，南是 180°，西是 270°。图 2-11 显示了一个拥有刻度的指南针。

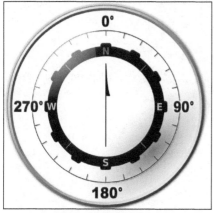

图 2-11　指南针上方向的度数

当创建一个新角色时，它总是面向 90° 方向。如果你打开角色的信息面板，在 x 和 y 坐标值的右面能看到角色当前面向的方向，如图 2-12 所示。

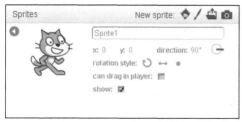

图 2-12　角色最初面向 90°

克里斯和伊娃说

表示方向的"度"的符号，和表示温度的"度"的符号相同，即""。"，所以我们写 180°，也就表示是 180 度。

2.3.1　使用旋转度数

再看看角色的信息面板，在角色当前面向的方向度数右面，有一个圆圈，里面有一条线，如图 2-13 所示，你可以很方便地使用这个小工具来改变当前角色面向的方向。

图 2-13　改变方向工具

使用改变方向工具，只需要单击圆圈中的线并拖动它指向一个不同的方向即可。当你拖动那条线的同时，角色也会旋转。

2.3.2　旋转角色

角色既可以顺时针旋转又可以逆时针旋转。当它们顺时针旋转时，度数将变大；逆时针旋转时，度数会变小。

使用如下步骤练习角色的旋转：

1. 从工具栏中选择"文件↪新建项目"。
2. 找到"事件"分类，把"当绿旗被单击"积木拖到脚本区。
3. 找到"侦测"分类，将"询问 () 并等待"积木拖到脚本区，拼在"当绿旗被单击"积木的下面，如图 2-14 所示。

图 2-14　将"询问 () 并等待"积木和"当绿旗被单击"积木拼在一起

4. 单击"询问 () 并等待"积木，将问题改为"我应当指向什么方向"，如图 2-15 所示。

"询问 () 并等待"积木让用户输入文字来回答问题，它让程序停止直到用户回答了问题才继续执行。

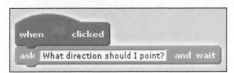

图 2-15　修改"询问 () 并等待"积木中的问题

5. 找到"动作"分类，将"面向 ()"积木拖到脚本区。"面向 ()"积木会改变角色面向的方向。

6. 找到"侦测"分类，将"回答"积木拖到脚本区，把它拼到"面向 ()"积木中的椭圆处，如图 2-16 所示。"回答"积木包含了用户对"询问 () 并等待"积木中问题的回答。

图 2-16 将"回答"积木和"面向 ()"积木拼在一起

7. 将"面向 ()"积木拼到"询问 () 并等待"积木下面，如图 2-17 所示。

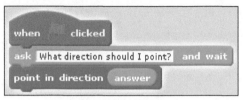

图 2-17 将"面向 ()"积木拼到"询问 () 并等待"积木下面

8. 单击绿旗图标。

Scratch 会询问一个问题，我们能看到这个问题，同时还能看到舞台底部出现了一个文本输入框，如图 2-18 所示。

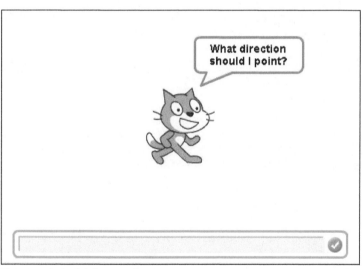

图 2-18 运行"方向 - 面向"程序

9. 在文本输入框中输入一个 0 ~ 359 之间的数字。角色改变了方向。

克里斯和伊娃说

注意，度数的最大值是 359。这是因为数度数的时候，0 是第一个数字，所以 0 和 360 指向的是同一个方向。试试看！

到目前为止都很棒，但是现在要输入一个新的方向，就必须重新开始程序。你知道如何修改程序让 Scratch 小猫在你回答了它的问题后立即再问一个新的数字吗？

如果你觉得要使用一个"重复执行"积木，那就对了！找到"控制"分类，将"重复执行"积木拖到脚本区，让它包围住"当绿旗被单击"积木下面的所有积木，如图 2-19 所示。

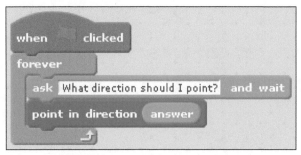

图 2-19　重复执行"方向 - 面向"程序

挑战

你知道如何让 Scratch 小猫问第二个问题吗，比如"我应当移动多远？"然后再让它移动那么远的距离？

2.4　移动角色

在 Scratch 中，有好几种方法让角色在舞台上移动。根据需要，你可以选择步进、滑动和跳跃。

2.4.1　步进

步进就是使用"移动 () 步"积木让角色移动的方式。使用步进方式可以让角色朝当前面向方向沿直线一次移动特定数目的像素（步数）。当步数足够小的时候，步进能让角色的移动更为平滑；反之，如果步数比较大，角色的移动就不平滑。

2.4.2　滑行

滑行让角色从一个 x、y 坐标处平滑地移动到另一处。通过改变积木中的数字（秒数），可以控制滑行持续的时间。滑行和角色当前面向的方向无关。

使用如下步骤体验滑行的效果：

1. 将"在 () 秒内滑行到 x:()y:()"积木从"动作"分类里拖到脚本区。"在 () 秒内滑行到 x:()y:()"积木如图 2-20 所示。

图 2-20　"在 () 秒内滑行到 x:()y:()"积木

2. 不要改变"在 () 秒内滑行到 x:()y:()"积木中第一个椭圆里的数字，这是滑行持续的时间。
3. 在 x 处输入 240，y 处输入 180。
4. 双击"在 () 秒内滑行到 x:()y:()"积木。

角色滑过舞台，滑到了舞台的右上角。

2.4.3　跳跃

使用"移到 x:()y:()"积木可以让角色从舞台上的一个位置不经过任何步数跳到另一个位置。使用如下步骤练习"移到 x:()y:()"积木：

1. 将"移到 x:()y:()"从"动作"分类中拖到脚本区。
2. 将 x 值改为 –200，y 值改为 –100。
3. 双击"移到 x:()y:()"积木。

角色从当前的位置消失并立即出现在新的位置。

2.5　创作随机的 Scratch 艺术图案

在探险的这一部分，我们来编写一个随机的画直线程序，这个程序从舞台上的一个点到另一个点画一条线，等待 1 秒，然后再移动到另一个方向画一条新的线。程序不断执行，直到你停止它为止。

选择"文件➪新建项目"，开始编写这个程序。

2.5.1　随机移动

为了画出随机的线，需要先学习如何让角色移动到一个随机位置。跟着如下步骤为 x 和 y 生成随机数字，并把这些数字放到"在 () 秒内滑行到 x:()y:()"积木中。

1. 从"运算符"分类中将"在 () 到 () 间随机选一个数"拖到脚本区。"在 () 到 () 间随机选一个数"积木如图 2-21 所示。

图 2-21　"在 () 到 () 间随机选一个数"积木

2. 将"在 () 到 () 间随机选一个数"积木中的第一个数字改成 –240，第二个数字改成 240，这是 x 的值。
3. 再拖一块"在 () 到 () 间随机选一个数"积木到脚本区。
4. 将"在 () 到 () 间随机选一个数"积木中的第一个数字改成 –180，第二个数字改成 180，这是 y 的值。

5. 到"动作"分类中拖一块"在 () 秒内滑行到 x:()y:()"积木到脚本区。

6. 将第一块"在 −240 到 240 间随机选取一个数"积木拖到"在 () 秒内滑行到 x:()y:()"积木的 x 值处。

7. 将第二块"在 −180 到 180 间随机选取一个数"积木拖到"在 () 秒内滑行到 x:()y:()"积木的 y 值处。当把两块随机数积木放好后，滑行积木看上去应当如图 2-22 所示。

图 2-22　拼好后的随机滑行积木

克里斯和伊娃说

可以使用扩张箭头扩大你的脚本区，这样代码积木就能完整地显示在屏幕上。

8. 双击滑行积木，Scratch 小猫滑到了舞台上一个随机的新位置。

9. 从"事件"分类中将"当绿旗被单击"积木拖到脚本区，拼到滑行积木上面。现在，每次单击绿旗，角色都会滑行到一个新的随机位置。

10. 从"控制"分类中将"重复执行"积木拖到脚本区，包围住滑行积木。

11. 从"控制"分类中将"等待 () 秒"积木拖过来拼到滑行积木下面。

12. 将"等待 () 秒"积木中的值改成 1。程序现在上去如图 2-23 所示。

图 2-23　随机和重复执行滑行积木

13. 单击绿旗，查看随机和重复滑行的效果。

14. 单击"停止"按钮。

2.5.2　绘制随机线段

程序的下一步是让 Scratch 小猫一边移动一边画线。使用如下步骤开始画：

1. 找到"画笔"分类，将"落笔"积木拖到脚本区。将它拼到"在 () 秒内滑行到 x:()y:()"积木上面。"落笔"积木会让角色一边移动一边画线。你可以想象成 Scratch 小猫在舞台上滑行的时候握着一支笔。

2. 单击绿旗。Scartch 开始随机移动并在身后画出一条线。

到目前为止，非常好！不过，Scratch 小猫每次画出的线颜色都相同。我们可以让它更有趣一点儿。

开始修改之前，先单击"停止"按钮。接下来，把"清空"积木从"画笔"分类中拖到脚本区，双击它，把 Scratch 小猫画出的线条都给清除掉。

再使用如下步骤让线的颜色不断变化：

1. 从"画笔"分类中将"将画笔的颜色增加 ()"积木拖到脚本区，拼到"在 () 秒内滑行到 x:()y:()"积木底部。脚本现在看上去如图 2-24 所示。

```
when       clicked
forever
    pen down
    glide 1 secs to x: pick random -240 to 240 y: pick random -180 to 180
    change pen color by 10
    wait 1 secs
```

图 2-24　绘制随机颜色的线条

2. 单击绿旗，观察 Scratch 小猫画随机、彩色的线条！

挑战

现在你知道了如何让角色在舞台上到处移动，试试下面一些挑战性的练习来修改和改进你的脚本（在 Scratch 中这叫 remixing）。

- 让线条颜色的变化随机。
- 每次画新线条的时候让画笔的大小随机。
- 每次绿旗被单击时，在"重复执行"积木开始执行之前，先清空上一次画的所有线条。
- 让每两次画线之间的时间间隔是一个随机数。

2.6　进一步探索

要在 Scratch 中学习更多随机运动的知识来创作游戏，可以访问 MIT 网站上的 Scratch 课程，试试 Fish！这个游戏，它带有开发指南，是 Scratch 网站的用户 aaa1001 开发的。

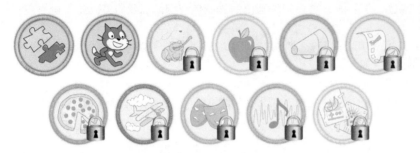

解锁成就：**在舞台上到处移动**

下一次探险

在下一次探险中，你将学习使用积木来做决定并组建循环。

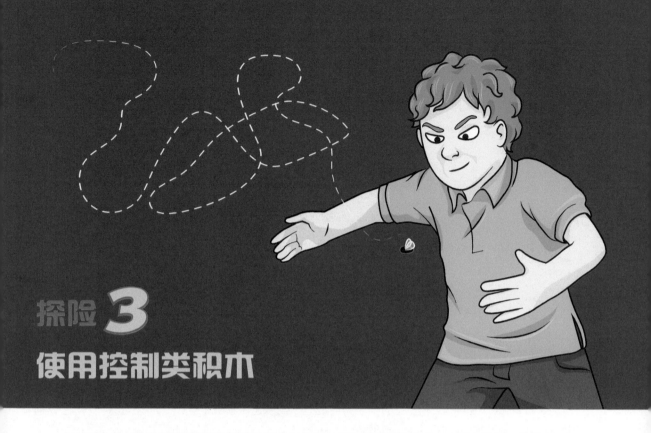

使用控制类积木

本次探险中，我们来学习用于做决定的积木和创建各种不同循环的积木。本章中将学习的循环和前一章用"重复执行"积木创建出来的循环不同。

3.1 理解代码嵌套

本次探险中要学习的积木叫作 C-积木。上次探险中使用的"重复执行"积木就是一块 C-积木。C-积木把其他的积木包围起来，并控制它们在什么时候执行、要不要执行。

图 3-1 显示了一块包围着"移动 10 步"和"向右旋转 10 度"积木的 C-积木。不在 Scratch 中执行它，你能猜出这段脚本会做什么吗？

现在试试编写和执行图 3-1 中的脚本，看看你是不是猜对了。如果你猜测它能让角色在一个圆上移动，那你就猜对了！

程序员把这种代码放在其他代码中的形式叫作嵌套，想象一只小鸟在鸟巢中的情形，再想象一下一个鸟巢中还有一个鸟巢、里面的鸟巢里还有一个鸟巢、最里面的鸟巢里有一只小鸟……在小鸟的世界里，这种事情大概不会发生，但在程序世界里，这种情形是很常见的。

图 3-1 C-积木

当一块积木，或者一段代码，放在另一块积木中时，就称为嵌套。

图 3-2 显示一块 C- 积木嵌套在另一块 C- 积木中的情形。想象一下，这段脚本执行起来会是什么效果？

```
repeat 4
    play drum 2▾ for 0.25 beats
    repeat 2
        play drum 1▾ for 0.25 beats
    play drum 5▾ for 0.25 beats
```

图 3-2　嵌套的 C- 积木

为了搞清楚嵌套循环是如何执行的，可以从顶部开始，头脑跟着循环走，就像你在程序中一样。从顶部开始，图 3-2 中的程序会做如下的事情：

1. 创建一个循环，重复下面的代码 4 次。
2. 弹奏鼓声（鼓声 2，恰好是低音鼓）0.25 拍。
3. 再创建一个循环重复如下代码 2 次。
4. 弹奏鼓声（鼓声 1，是个小军鼓）0.25 拍。
5. 回到内循环的顶部。
6. 弹奏鼓声（鼓声 1）。
7. 既然程序又执行回到了内循环的顶部，内循环就结束了（因为它只循环 2 次），所以程序开始执行下一块积木。
8. 弹奏鼓声（鼓声 5，脚踏钹）0.25 拍。
9. 检查外循环有没有执行够 4 次。如果没有，再回到起始处执行。

现在试试编写这样的循环并执行一下。"弹奏鼓声"积木位于"声音"分类中，"重复执行"积木位于"控制"分类中。

这段程序的运行效果和你期望的一样吗？你能跟上程序运行的节奏吗？如果程序执行得太快了，可以把每个"弹奏鼓声"积木中的节拍数改大一点儿，这样就可以让程序慢下来。

通过在 C- 积木中嵌套积木，你可以使用很少的代码行数编写出复杂的程序。图 3-2 中的程序也可以不使用嵌套循环来编写，但却需要更多的积木。图 3-3 中的程序做的事情和图 3-2 一样，但是没有使用嵌套循环。

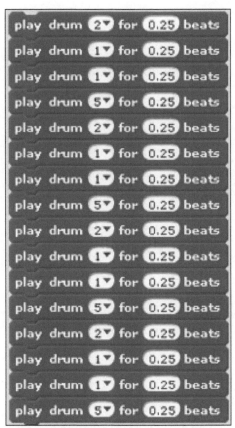

图 3-3　不使用嵌套编写的图 3-2 中的程序

3.2　在 Scratch 中的程序分支

C- 积木和嵌套不仅仅用于实现代码重复，还可以用于分支结构。分支是指当有两条或更多条路径可以选择时，你如何告诉程序去做出选择。

分支是一个术语，程序员使用它来描述那些在多条路径之间做选择的程序代码。

例如，你可能会写一个游戏，在这个游戏里，一个角色到达了一个岔路口，它必须选择一条路径。

这里有一个分支的例子，比如在英语中，你可能会这么说："如果这条路看上去少有人走，那就走另一条。"

在 Scratch 中（以及我们已知的所有其他编程语言中），分支用"如果 () 那么"积木来表达。

3.2.1 "如果()那么"积木

"如果()那么"积木位于"控制"分类中，它的样子如图 3-4 所示。

图 3-4 "如果()那么"积木

"如果()那么"积木是 C- 积木，因此其他积木可以嵌入其中，但是在"如果"和"那么"之间，它还有一个六角形的空槽，用于放置布尔积木，即可以放置一块结果值为"真"或"假"的积木。

例如，你想写一段程序，当按下空格键时就播放一段声音，你可以使用"如果()那么"积木写一段如图 3-5 所示的程序。

图 3-5 包含了一个无限循环，当绿旗被单击时它就执行。这个循环不断检查你是否按下了空格键。如果按下了，它就播放"喵"的声音；如果你从来没有按过空格键，那"喵"声就从不播放。

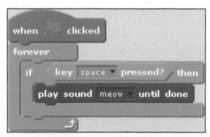

图 3-5 当按下空格键时播放声音

当空格键没有被按下时，如何让程序做点儿其他的事情呢？这就要用到"如果()那么()否则"积木，下一节会讲到。

3.2.2 "如果()那么()否则"积木

"如果()那么()否则"积木和"如果()那么"积木类似，不过它还有第二块 C- 积木，在那里可以放入"如果"部分执行不到的积木。

图 3-6 显示了一段等待空格键被按下的程序。如果空格键没有被按下，Scratch 就会向右旋转 15 度。

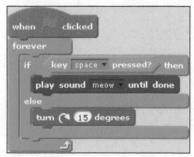

图 3-6 展示"如果()那么()否则"积木

在"如果()那么()否则"积木里嵌入其他的"如果()那么"和"如果()那么()否则"积木，能做很多有趣的事情。例如，若想在空格键被按下时发出"喵"的声音，在上移键被按下时弹奏鼓声，就可以在"如果()那么()否则"这块 C- 积木的"否则"部分里嵌入另一块"如果()那么"积木，如图 3-7 所示。

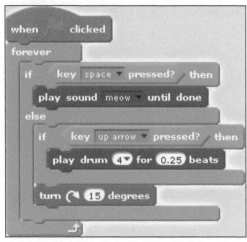

图 3-7　在"如果()那么()否则"积木里嵌入另一块"如果()那么"积木

在"如果()那么()否则"积木和"如果()那么"积木里嵌套层次太深，可能会有点混乱（也可能会让人糊涂），不过，结合实践就可以创作出一些很酷的东西。图 3-8 展示了如何使用"如果()那么()否则"积木嵌套来创作一套使用键盘演奏的鼓乐器。

图 3-8 检查键盘上的方位键是否被按下，并为每一个被按下的方位键播放不同的鼓声。

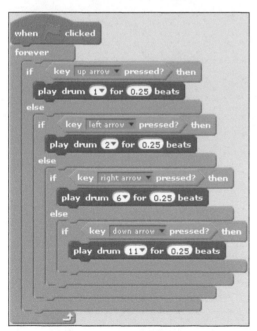

图 3-8　使用"如果()那么()否则"嵌套创作键盘鼓乐器

克里斯和伊娃说

图 3-8 中的鼓乐器程序还有一个大问题，你能猜出是什么吗？这个问题是，这个程序只允许你一次弹奏一个鼓声。探险 5 会告诉你如何去制作一套更真实的鼓乐器，现在，可以试试改变一下鼓声看看能做出什么有趣的打击乐。

3.2.3　布尔积木

任何表示"真"或者"假"的积木都叫作布尔积木。"按键检查"积木是布尔积木的一个例子，键要么被按下（积木的值为"真"）要么不被按下（积木的值为"假"），在布尔积木中没有中间状态，非真即假。

定义解释

布尔（和"Ghoulian"声音有点儿像）是一个表示"真"或者"假"的有趣单词。布尔积木得名于乔治·布尔，一位 19 世纪的数学家。

Scratch 的布尔积木放置在两种分类中："侦测"分类和"操作符"分类。布尔积木都是六边形的，很容易辨认。

图 3-9 展示了 Scratch 中所有的六边形积木。

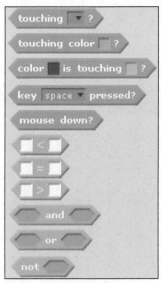

图 3-9　六边形积木

Scratch 中虽然总共只有 11 块六边形积木（布尔积木），但是除了"下移鼠标？"积木外，每一块六边形积木都包含了很多选项，每一个选项都可以在程序中判断条件的"真"或"假"。

布尔积木只能被放在控制类积木的六边形空槽中。下面是每一块布尔积木的介绍：

- "碰到 ()？"积木：当角色碰到这块积木下拉菜单中被选中的角色时，这块积木的值为"真"。在它的下拉菜单中可以选择程序中的任意其他角色，还可以选择"鼠标指针"和"边缘"。如果选择"边缘"，那么当角色碰到舞台边缘时，这块积木的值就为"真"；如果选择"鼠标指针"，那么当鼠标指针碰到角色时，这块积木的值就为"真"。
- "碰到颜色 ()?"积木：当角色碰到这块积木当中的颜色时，这块积木的值就为"真"。
- "颜色 () 碰到颜色 ()?"积木：当第一个颜色（位于当前角色中）碰到第二个颜色时，这块积木的值为"真"，第二个颜色可能是舞台背景或另一个角色的一部分。
- "按键 () 是否按下？"积木：当选中的键被按下时，这块积木的值为"真"。
- "下移鼠标？"积木：当鼠标左键被按下时，这块积木的值为"真"。 *
- "()<()"积木：这块积木中可以填入两个值，当第一个值小于第二个值时，积木的值为"真"。例如，在第一个方格里填入 10，第二个方格里填入 30，那么这块小于积木的值就为"真"；反之，如果在第一个方格里填入 30，第二个方格里填入 10，那么这块小于积木的值就为"假"。
- "()=()"积木：当积木中等号左边和右边的值相等时，积木的值为"真"。
- "()>()"积木：当积木中大于号左边的值比右边的值大时，积木的值为"真"。
- "() 与 ()"积木：这块积木比较两块布尔积木的值，当它包含的两块布尔积木的值都为"真"时，它自己的值也为"真"。
- "() 或 ()"积木：这块积木比较两块布尔积木的值，当它包含的两块布尔积木的值任意一个为"真"时，它自己的值也为"真"。
- "() 不成立"积木：这块积木的值和它包含的布尔积木的值相反。

图 3-10 展示了"() 不成立"积木的用法。这块积木的值是"真"还是"假"呢？

图 3-10　"() 不成立"积木

如果你认为图 3-10 中的"() 不成立"积木的值是"真"，那么你是正确的。因为苹果不等于橘子，"() 不成立"积木返回一个"真"值。

　　使用"() 不成立"积木会让人困惑，不过幸运的是，任何一个"() 不成立"积木都可以改写成一个不那么让人头疼的积木。例如，如果你想在苹果不等于橘子时做一些事情，你可以在"如果 () 那么 () 否则"积木的"如果"部分使用"()=()"积木，然后这个条件不满足时你希望做的事情就可以放在"否则"部分。

3.3　在 Scratch 中添加注释

　　当程序变得很长的时候，事情就开始变得复杂。开始写程序的时候，你可能完全理解它在做什么，你也可能会认为自己将来永远都不会忘记当时编写程序时自己是怎么想的。但是，请相信，当你把一段正在编写的程序放置几天，然后再回来编写时，你会经常坐在那里挠头，想搞清楚自己之前到底在做什么。

---

* 译注：Scratch 作品编辑器中，这块"下移鼠标？"的翻译不确切。

幸运的是，Scratch 允许在脚本里写笔记。在编程中，代码中的那些为了给人看而不是给计算机看的笔记，被称为注释。在注释部分，你可以写任何你想告诉自己或其他人的、与代码有关的东西。

注释是写在程序中的笔记，用于方便将来自己或他人继续编写。

Scratch 有两种不同的注释：独立注释和积木注释。

3.3.1 独立注释

独立注释是添加在脚本中的注释，它不和任何积木块或代码相连接。图 3-11 显示了我们为键盘鼓乐器添加的独立注释。

独立注释非常适用于描述整个程序，如图 3-11 所示。你也可以使用独立注释，说明程序如何使用或如何玩一个游戏，又或提醒你将来要如何改进程序。

要添加独立注释，需要在脚本区单击右键并选择"添加注释"选项，这样就会出现一个新的黄色便签条。你可以在脚本区任意拖动注释，还可以拖曳它的右下角来改变它的大小。

如果给程序添加了好几个注释，脚本区可能会看上去比较局促，这时候可以通过单击注释左上角的小箭头让注释变小。单击那个小箭头，注释就折叠起来了，这样占用的空间就变小了。不过，如果你要阅读注释，就需要再次单击小箭头让注释展开。

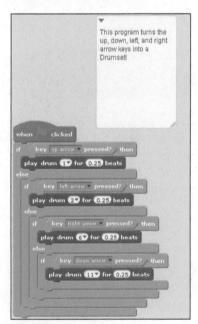

图 3-11　独立注释

图 3-12 展示了注释折叠起来的样子。

▶ This program turns t...

图 3-12　折叠的注释

3.3.2　积木注释

你还可以给脚本区的积木块添加注释。当一个注释和一块积木连接在一起时，这个注释就叫作积木注释。

积木注释对于解释一块或一组特定的积木的作用非常有用。图 3-13 展示了在鼓乐器程序中添加积木注释的效果，其中的注释解释了程序每一部分的作用。

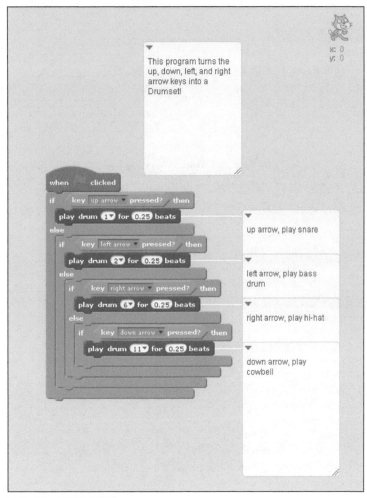

图 3-13　使用积木注释

3.4　Scratch 中的循环

现在你已经见识过几种不同的循环积木了，这一节中，我们再来进一步更完整的学习 Scratch 中的循环。

3.4.1　无限循环

"重复执行"是最简单的循环，要使用它，只需要把它拖到积木区并往里面放一些积木，这些积木就会永远重复执行下去直到你让它停止为止。停止一个无限循环有以下几种方法：

- 单击绿旗图标右边的停止图标。
- 关闭程序正在执行的浏览器窗口，或者只是去访问不同的网页。
- 关闭计算机。
- 使用"停止 ()"积木。

3.4.2　使用"停止 ()"积木结束循环

"停止 ()"积木，如图 3-14 所示，会停止一个脚本或多个脚本的执行。

图 3-14　"停止 ()"积木

注意，"停止 ()"积木的底边是平的。这是因为它是用来停止脚本的，在它后面放任何东西都没有意义，因此，这条平的底边就表明不可能在它底部再拼接任何其他积木。

"停止 ()"积木中的下拉菜单让你选择这块积木是停止当前角色的所有脚本、部分脚本，还是所有正在执行的脚本。

3.4.3　计数循环

计数循环能让放在它里面的积木重复执行特定的次数。使用"重复执行 () 次"积木就能实现计数循环。图 3-15 展示了"重复执行 () 次"积木的样子。

图 3-15　"重复执行 () 次"积木

注意，"重复执行 () 次"积木里面有一个椭圆，你可以在这个椭圆里填入一个数字或者放入任何一块椭圆形状的积木。图 3-16 展示了在一块"重复执行 () 次"积木中使用椭圆形积木的情形。

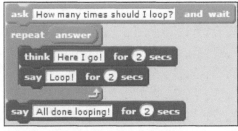

图 3-16　使用"重复执行 () 次"积木

图 3-16 中的程序让 Scratch 小猫询问用户，他们希望循环执行多少次，然后就用这个次数重复执行程序多少次！很酷，是不是？

3.4.4　重复执行直到条件满足

最后一种类型的循环叫作条件循环。它使用"重复执行 () 直到"积木来创建，如图 3-17 所示。

图 3-17　"重复执行 () 直到"积木

"重复执行 () 直到"积木使用它里面的布尔积木来决定是否应当停止循环。

图 3-18 中展示的程序创建了一个循环，让 Scratch 小猫不断移动并且说"出去散步吧！"直到它碰到舞台边缘为止。

图 3-18　使用"重复执行 () 直到"积木进行循环

3.4.5　等待

当循环执行得太快或者希望程序中一件事情等待另一件事情发生时，就可以使用"等待"积木。Scratch 有两块"等待"积木：

- "等待 () 秒"积木，它等待指定数字的秒数（或者不到 1 秒）。
- "在 () 之前一直等待"积木，它一直等待直到一个条件成立。

两块"等待"积木都能使当前正在执行的脚本停下来一段时间什么也不做。我们可能不喜欢等待，但是 Scratch 并不介意，在脚本中使用"等待"积木的情形包括如下几种：

- 在两个动作间增加停顿。
- 在游戏中，让一个角色在继续做事情前等待直到某个键被按下。
- 在演奏音乐脚本中，当"暂停"按钮被单击时，让脚本暂停。

你还能想出其他可能需要脚本暂停的情形吗？

3.5 编写捕蝇器游戏

没有什么比坐在河边温暖的石头上用舌头捕捉苍蝇更惬意的事情了，至少，对于青蛙来说是如此。在本次探险中，你将创建一个游戏，在游戏中，你是一只青蛙，正试图捕捉极品美味：河马蝇。

做好的游戏看上去如图 3-19 所示。

看上去很有趣，对不对？让我们开始吧！跟着如下步骤开始编码：

1. 访问 Scratch 官网，单击屏幕顶部的"创建"标签页。

2. 单击在舞台上方的输入框，给作品取一个名字。可以叫作"捕蝇历险记"或"趣味儿捕蝇记"。

3. 使用工具栏中的"删除"工具将 Scratch 小猫从舞台上删除，或者右键单击小猫并选择"删除"。

现在，可以开始了！翻到下一节去设置舞台背景。

图 3-19 完成后的捕蝇游戏

3.5.1 布置舞台

我们的场景从森林里平静的溪流边开始，但是现在舞台上还是一片空白。使用如下步骤来设置舞台背景。

1. 单击作品编辑器左下角"新建背景"下一行图标中的第一个图标，打开 Scratch 背景库。

2. 在背景库中单击"户外"分类，找到名字为"Water and Rocks"的背景。

3. 单击背景"Water and Rocks"选中它，再单击"确定"，把它设置成当前作品的背景。
现在舞台看上去如图 3-20 所示。

图 3-20　Water and Rocks 背景

3.5.2　添加青蛙

现在来添加这个游戏里的明星——青蛙。使用如下步骤添加青蛙角色：
1. 单击"新建角色"图标栏中的第一个图标，打开 Scratch 角色库。
2. 找到名为"Frog"的角色，单击它，再单击"确定"。青蛙就添加到了舞台中央。
3. 将青蛙拖到溪流中一块特别适合捕蝇的岩石上，比如左边那块。
这样青蛙就放好了！这个游戏中所有的动作都是通过"河马蝇"角色和即将创建的青蛙舌头角色来完成的，下一节就来添加这两个角色。

3.5.3　添加"河马蝇"

现在来添加"河马蝇"。使用如下步骤把它添加到舞台上。
1. 打开角色库，在"动物"分类中找到那只有翅膀的河马角色。
2. 单击河马角色再单击确定，把它添加到舞台上。
3. 单击工具栏中的"缩小"工具，使用它把河马缩小一点儿（小一点儿的"河马蝇"会让游戏更具挑战性）。
这样就好了！两个主要角色都已经就位准备行动了，如图 3-21 所示。下一步，添加动作！

图 3-21　青蛙和河马都在舞台上了

视频资料

访问 www.wiley.com/go/adventuresincoding，选择 Adventure 3 video，观看伊娃制作捕蝇游戏的完整过程。

3.5.4　给"河马蝇"编写脚本

在这个游戏中，"河马蝇"的唯一动作就是沿随机方向尽可能快地到处飞。可以使用如下步骤让它这样做：

1.　单击角色区的河马角色。
2.　将"当绿旗被单击"积木拖到脚本区。
3.　将"重复执行"积木拖到脚本区，拼在"当绿旗被单击"积木下面。
4.　拖一块"移动 () 步"积木到"重复执行"积木中。
5.　将"移动 () 步"积木中的值改为 30。
6.　拖一块"向右旋转 () 度"积木到脚本区，拼到"移动 30 步"积木下面。
7.　单击"运算符"分类，拖一块"在 () 到 () 间随机选一个数"积木到脚本区，拼到"向右旋转 15 度"积木下面。
8.　将"在 () 到 () 间随机选一个数"积木中的值改为 1 和 10。
9.　拖一块"碰到边缘就反弹"积木到脚本区，拼到"向右旋转 15 度"积木下面。

完整的"河马蝇"的脚本如图 3-22 所示，在继续学习之前请先仔细检查你的脚本。

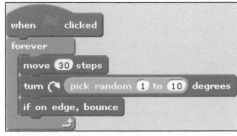

图 3-22　"河马蝇"的飞行脚本

3.5.5　添加青蛙舌头

你可能已经注意到，青蛙的舌头一直都是伸出来的。如果让这只青蛙就这样一直坐在那里等着"河马蝇"碰巧飞到它的舌头上，那就太不像一个游戏了。我们来给游戏添加一些元素，给青蛙添加一个超长的舌头，只有当空格键被按下时，这个舌头才伸出来。

使用如下步骤来添加舌头并让它在空格键被按下时显示：

1. 在"新建角色"图标栏单击像画笔一样的图标，打开绘图编辑器。
2. 单击绘图编辑器底部颜料盘里的红色方格，将画笔工具设成红色。
3. 调整线宽滑块，将画笔的宽度调整成和青蛙现在的舌头差不多的样子。
4. 从画布的边缘开始，画一个弯弯曲曲的舌头，如图 3-23 所示。当你画的时候，舌头就会出现在舞台上。

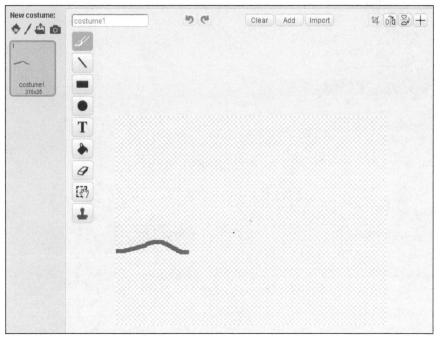

图 3-23　画一个弯曲的舌头

5. 在舞台上单击并拖曳新的舌头角色，让它盖住青蛙现在的舌头。有可能需要重画或调整舌头。
6. 单击舌头角色的 info 图标，打开角色信息面板。
7. 把角色的名字改为"青蛙舌头"，取消"显示"旁边的方格。舌头角色就从舞台上消失了。
8. 单击作品编辑器顶部的"脚本"标签页，切换到脚本区。
9. 选中角色区的舌头角色，在"事件"分类中找到"当按下 ()"积木，把它拖到脚本区。
10. 确保"当按下 ()"积木中选择的是空格键。
11. 从"外观"分类中找到"显示"积木，拖到脚本区，和"当按下空格键"积木拼在一起。
12. 拖一块"如果 () 那么"积木到脚本区，拼到"显示"积木的下面。
13. 从"侦测"分类中找到"碰到 ()"积木，拖到脚本区，拼到"如果 () 那么 () 否则"积木中。
14. 将"碰到 ()"积木中的值改为河马角色的名字。
15. 从"外观"分类中找到"说 ()"积木，拖到脚本区，拼到"如果 () 那么 () 否则"的"如果"部分。
16. 从"外观"分类中再拖一块"说 ()"积木，拼到"如果 () 那么 () 否则"积木"否则"部分。
17. 把两块"说 ()"积木中的值改为你希望青蛙抓住或者没抓住"河马蝇"时说的话。
18. 从"外观"分类中拖一块"隐藏"积木，拼到"如果 () 那么 () 否则"积木的下面。

这会让舌头在捕到或者没捕到"河马蝇"时消失。

完成后的青蛙舌头的脚本如图 3-24 所示。

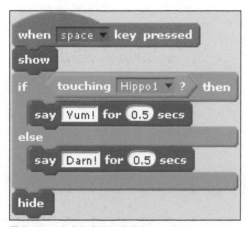

图 3-24　完成的青蛙舌头脚本

现在可以试试效果了！单击绿旗，看看是不是每个角色的行为都是正确无误的。

挑战

基本的捕蝇器游戏已经做好了，我们还有一些改进想法，可以试试！
- 给代码添加注释，解释它如何工作。
- 当捕捉到（或没捕捉到）"河马蝇"时，让舌头发出一点儿噪声。
- 当青蛙捉到 3 次"河马蝇"时，让游戏暂停，并显示一条"胜利了"的消息。
- 每次捕捉到"河马蝇"后，将青蛙移到另一个随机的位置。

3.6　进一步探索

为了学习更多有关循环的编码知识，可以到 dummies 主页上读读我们的文章"使用 JavaScript 学习高级循环"。

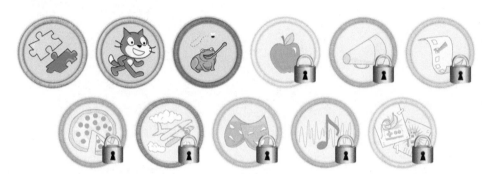

解锁成就：分支和循环

下一次探险

下一次探险中，我们学习如何编写代码来响应真实世界中的动作，比如鼠标动作、键盘动作，甚至是摄像头前的动作！

探险 **4**

使用侦测类积木

学习 Scratch（其实，其他任何编程语言也一样）的过程，是一个不断发现和探索新东西的过程。在真实世界中，我们使用自己的五官感觉来研究新事物；在 Scratch 世界中，则使用"侦测"分类中的积木。

本章中，我们将要学习如何使用"侦测"分类里的积木来侦测键盘上的键是否被按下、鼠标是否移动，等等。

在第 3 章的鼓乐器程序中，已经学过如何使用侦测积木来检测键盘上的键是否被按下，此外，"侦测"分类中还包含很多其他积木。

4.1 学习侦测类积木

"侦测"分类包含 20 块积木，如图 4-1 所示，这些积木是淡蓝色的。侦测类积木共包含 4 块堆栈积木、5 块布尔积木和 11 块信息积木。

侦测类积木可以用在很多不同的情形中，比如记录程序中事情持续的时间长度、询问问题并将答案保存起来供其他积木使用，当然还有监测键盘上的键是否被按下或鼠标是否移动。

还可以使用侦测类积木监测角色是否碰到了什么东西、距离另一个角色有多远，或者角色在舞台的什么位置。

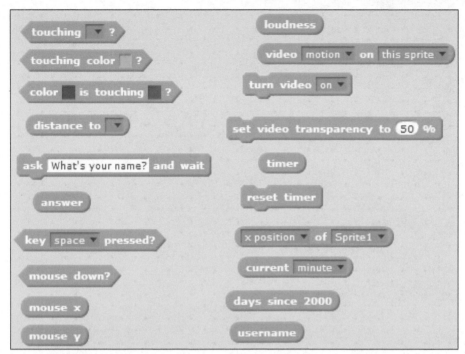

图 4-1　侦测类积木

侦测类积木能告诉程序什么正在发生，以便它能做出合理的反应。

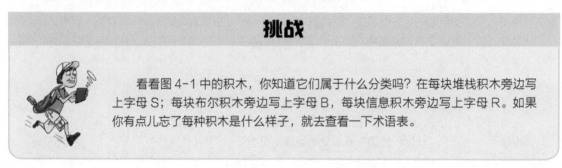

挑战

看看图 4-1 中的积木，你知道它们属于什么分类吗？在每块堆栈积木旁边写上字母 S；每块布尔积木旁边写上字母 B，每块信息积木旁边写上字母 R。如果你有点儿忘了每种积木是什么样子，就去查看一下术语表。

4.2　使用文本输入

在 Scratch 中，用键盘输入文字或数字称为"文本输入"。"询问 () 并等待"积木，如图 4-2 所示，能让一个角色请求文本输入。

图 4-2　"询问 () 并等待"积木

当在作品中使用"询问 () 并等待"积木时，一个文本输入框就会出现在舞台底部，如图 4-3 所示。

图 4-3　Scratch 小猫想知道点儿什么

虽然叫作"询问 () 并等待"积木，但你可以输入任何想要显示的消息。比如有些时候，你可能只想使用它提示用户输入一个答案，而不问问题，例如输入你的名字。

当输入答案后，单击文本输入框右面的选择框，或者按下回车键（Mac 上是 Return）把答案提交给 Scratch。

提交输入指的是将在文本框中输入的文字或数字发送给问问题的程序。在提交输入之前，脚本不知道输入的内容是什么，也不知道该针对它做些什么。

当提交输入时，文本输入框中的值就会被放到另一块侦测积木"回答"积木中，如图 4-4 所示。

图 4-4　"回答"积木

"回答"积木保存你在文本输入区中输入的值，你可以使用"回答"积木让程序做不同的事情。按照如下步骤使用"询问 () 并等待"积木和"回答"积木来创建一个简单的聊天机器人程序。

1. 在作品编辑器的"文件"菜单中选择"新建项目"。
2. 从"事件"分类中拖一块"当绿旗被单击"积木到脚本区。
3. 把"询问 () 并等待"积木从"侦测"分类中拖到脚本区。
4. 将"询问 () 并等待"积木中的值改为"什么是你最喜欢的编程语言？"
5. 从"控制"分类中拖一块"如果 () 那么 () 否则"积木，拼到"询问 () 并等待"积木下面。
6. 从"操作符"分类中拖一块"()=()"积木，放入"如果 () 那么 () 否则"积木的空槽中。

脚本区中的内容现在看上去应当如图 4-5 所示。

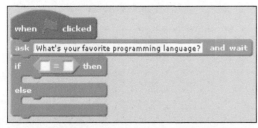

图 4-5 "如果 () 那么 () 否则"积木中的"()=()"积木

7. 将"回答"积木从"侦测"分类中拖到"()=()"积木的第一个空槽处。

注意，虽然"()=()"积木中的空槽是方形的，你还是可以把椭圆形的积木放上去的。

8. 单击第二个空槽，输入单词 Scratch。
9. 从"外观"分类中拖一块"说 ()"积木，放到"如果 () 那么 () 否则"积木中"那么"后面的空当处。
10. 将"说 ()"积木中的值改为"这也是我最喜欢的！"
11. 再拖一块"说 ()"积木到脚本区，放到"如果 () 那么 () 否则"积木的"否则"部分。
12. 将这块"说 () 积木"中的值改为"我不了解它。"

脚本区现在应当如图 4-6 所示。

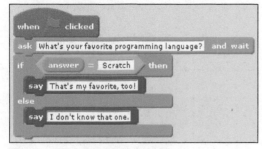

图 4-6 聊天机器人程序的起始部分

接下来，让 Scratch 小猫跟你打招呼，让这个聊天机器人更加有礼貌。

1. 从"侦测"分类中拖一块"询问 () 并等待"积木，拼到"当绿旗被单击"积木下面。不要改变积木中的问题 What's your name？（你的名字是什么？）

2. 从"外观"分类中拖一块"说 ()() 秒"积木，拼到询问名字积木下面。

3. 从"运算符"分类中拖一块"连接 ()()"积木，放到"说 ()() 秒"积木中。

4. 从"侦测"分类中拖一块"回答"积木，放到"连接 ()()"积木的第二个空槽中。

脚本现在看上去如图 4-7 所示。

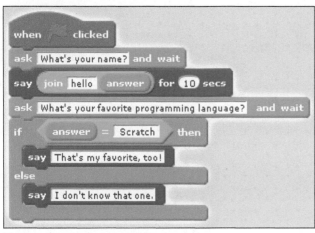

图 4-7　让聊天机器人打个招呼

现在单击绿旗，开始和 Scratch 聊天吧。

挑战

这里还有一些建议，可以改进聊天机器人。增加一个询问年龄的问题，并根据年龄是否大于 10 岁做出不同的反应。在第一个"如果 () 那么 () 否则"积木的"否则"部分嵌入另一块"如果 () 那么"积木，当你输入 JavaScript 作为你最喜欢的编程语言时，让聊天机器人说"JavaScript 确实不错！"创建一个循环，当所有问题都问过后，让程序再从头开始。使用"重复执行"积木而不是"如果 () 那么"积木，让聊天机器人不停地问你最喜欢的编程语言是什么，直到答案是 Scratch 为止。

视频资料

访问 www.wiley.com/go/adventuresincoding 选择 Adventure 4，观看克里斯是如何改进聊天机器人程序的。

4.3　按键侦测

打字只是键盘的一种用法，如果你曾在自己的计算机上用键盘玩过游戏，就会知道回答问题的方式不是只有输入数字或单词。

"按键 () 是否按下"积木侦测是否有键被按下。使用这块积木，你可以在按下空格键时让一艘宇宙飞船的火箭点火，或者使用方位键让它左转或右转。

使用如下步骤用方位键控制一架直升机上升或下降：

1. 从顶部菜单中选择"文件↴新建项目"。
2. 从角色区顶部的"新建角色"图标栏中选择"从角色库中选取角色"，打开 Scratch 角色库。
3. 在"运输工具"分类中找到名为 Helicopter 的角色，如图 4-8 所示。

图 4-8　角色 Helicopter

4. 选择角色 Helicopter 并单击"确定"将它添加到舞台上。
5. 选中 Scratch 小猫，右键单击，选择"删除"，把它从作品中删除。也可以使用顶部菜单中的删除工具。
6. 从"事件"分类中拖一块"当绿旗被单击"积木到脚本区。
7. 从"控制"分类中拖一块"重复执行"积木，拼到"当绿旗被单击"积木下面。
8. 从"控制"分类中拖两块"如果 () 那么"积木，放到"重复执行"积木里面。
9. 拖两块"当按下 ()"积木到脚本区，分别放到每一块"如果 () 那么"积木里面。
10. 将第一块"当按下 ()"积木中的值改为"上移键"。
11. 将第二块"当按下 ()"积木中的值改为"下移键"。
12. 从"动作"分类中拖两块"将 y 坐标增加 ()"积木，分别放到两块"如果 () 那么"积木中。
13. 将第二块"将 y 坐标增加 ()"积木中的值从 10 改为 −10。

脚本区现在看上去应当如图 4-9 所示。

单击绿旗，按一按键盘上的上移键和下移键，直升机就会根据你按的键上升和下降。

如果键盘上没有上移键和下移键，可以选择其他的键来代替上移键和下移键。例如，可以使用 Q 键和 A 键，或者另外两个其他的键。

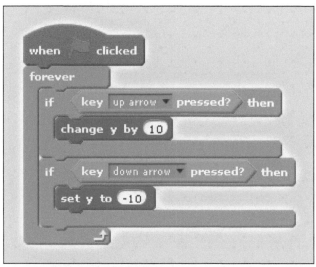

图 4-9 直升机的上升和下降脚本

挑战

你知道如何添加积木，让直升机在按下左移键和右移键（或其他两个键）时能够左右移动吗？

4.4 侦测鼠标移动

当移动或单击鼠标或使用触控板时，Scratch 可以使用"下移鼠标？""鼠标的 x 坐标""鼠标的 y 坐标"积木来侦测这两个动作。这里修改一下直升机的脚本，就可以使用鼠标控制直升机的位置。

1. 从图 4-10 所示的直升机的脚本开始，如果你的脚本和图 4-10 不一样，那就花点儿时间把它改成一样。

图 4-10 也包含了前面挑战题目中的答案。

2. 拖一块"如果 () 那么 () 否则"积木，让它包围住 4 块"如果 () 那么"积木，如图 4-11 所示。要确保"如果 () 那么 () 否则"积木放在了正确的位置，它应当放在"重复执行"积木里面。

3. 把 4 块和方位键相关的积木从"如果 () 那么 () 否则"积木的"那么"部分移到"否则"部分，如图 4-12 所示。

4. 从"侦测"分类中拖一块"下移鼠标？"积木，放到新的"如果 () 那么 () 否则"积木里面。

5. 拖一块"移到 x:()y:()"积木放到"如果 () 那么 () 否则"积木的"那么"部分。

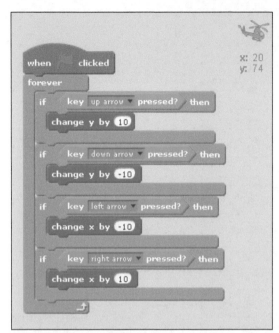

图 4-10　完整的直升机脚本

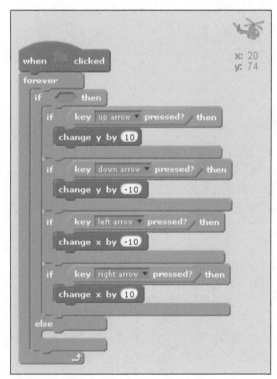

图 4-11　添加"如果 ( ) 那么 ( ) 否则"积木

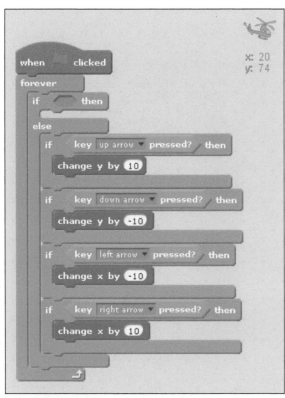

图 4-12　将方位键积木移到"否则"部分

6. 从"侦测"分类中将"鼠标的 x 坐标"积木拖到"移到 x:()y:()"积木的"x:()"部分，将"鼠标的 y 坐标"拖到"移到 x:()y:()"积木的"y:()"部分。

最终的程序看上去如图 4-13 所示。

单击绿旗，在舞台上任意地方单击，直升机会立即移到鼠标那里。

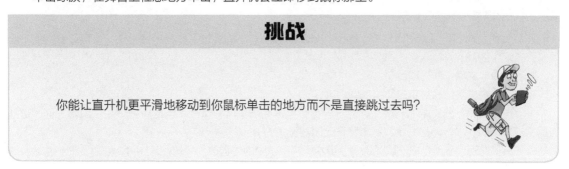

挑战

你能让直升机更平滑地移动到你鼠标单击的地方而不是直接跳过去吗？

4.5　使用计时功能

"计时器"积木能记录时间的流逝。可以在脚本中使用计时器让某些事情过一会儿再发生，或者记录用户需要花多久才能完成某件事。

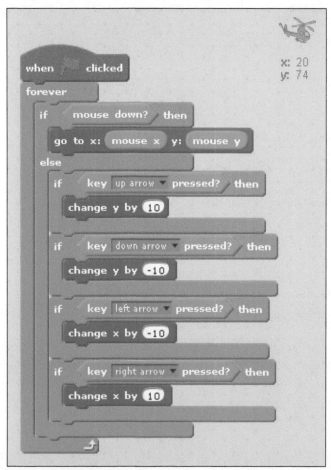

图 4-13　完整的鼠标控制直升机的脚本

可以使用计时器来开发一个这样的游戏：猜测绿旗被单击后经过了多少秒开始执行。可以使用如下步骤来开发这个游戏：

1. 选择"文件⇨新建项目"。

2. 拖一块"当绿旗被单击"积木到脚本区。

3. 从"侦测"分类中拖一块"计时器归零"积木到脚本区，拼在"当绿旗被单击"积木下面，这样当绿旗被单击时，"计时器归零"积木就将计时器设置为 0。

4. 从"外观"分类中拖一块"说 ()"积木，将积木中的内容改为"请在 5 ~ 10 秒内按下空格键！"

5. 从"控制"分类中拖一块"重复执行"积木到脚本区，拼在"说 ()"积木后面。

6. 再拖一块"如果 () 那么 () 积木"到脚本区，拼在"重复执行"积木后面。

7. 从"侦测"分类中拖一块"按键 () 是否按下？"积木，放入"如果 () 那么 ()"积木的六边形空槽中。

8. 确保"按键 () 是否按下？"积木中选中的值是空格键。

现在，脚本区应当如图 4-14 所示。

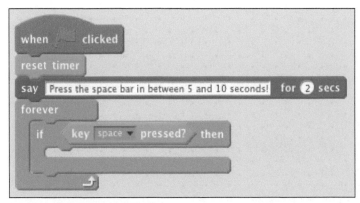

图 4-14　计时器游戏的前半部分

接下来，编写脚本检查空格键是否在 3 ~ 5 秒内被按下，步骤如下：

1. 拖一块"如果 () 那么 () 否则"积木到脚本区，放入"如果 () 那么"积木中。

2. 从"运算符"分类中拖一块"() 与 ()"积木到脚本区，先不要把这块积木和其他积木拼在一起。"()与 ()"积木测试两个不同的条件，如果每个条件都是真，这块积木就返回真。

3. 再从"运算符"分类中拖一块"()>()"积木放到"() 与 ()"积木的第一个空槽处。"()>()"积木检查积木中第一个值是否大于第二个值，如果大于，就返回真。

4. 再拖一块"()<()"积木，放入"() 与 ()"积木的第二个空槽处。这块积木检查积木中的第一个值是否小于第二个值，如果小于就返回真。

5. 从"侦测"分类中将"计时器"积木拖入"()>()"积木的第一个空槽中。

6. 将"()>()"积木中的第二个空槽中的值改为 5。

7. 再拖一块"计时器"积木，放入"()>()"积木的第一个空槽处。

8. 在"()<()"积木的第二个空槽内填入数字 10。

能看出这个相当复杂的"() 与 ()"积木的作用是什么吗？它检查两个条件语句，"计时器 >5"和"计时器 <10"，只有这两个条件都返回真时，这块积木才返回真。

9. 将这块完成的"() 与 ()"积木放入"如果 () 那么 () 否则"积木的六边形空槽处。

脚本区现在看上去如图 4-15 所示。

这个计时器游戏的最后部分需要告诉用户，他们是否在正确的时间内成功的按下了空格键。使用如下步骤完成这个游戏：

1. 从"外观"分类中拖一块"说 () 积木"放到"如果 () 那么 () 否则"积木的第一部分，即"那么"的后面。

2. 将"说 ()"积木中的内容改为"很棒！"

3. 再拖一块"说 ()"积木到脚本区，拼在"如果 () 那么 () 否则"积木的"否则"部分。

4. 将这一块"说 ()"积木中的内容改为"不！不太正确！"

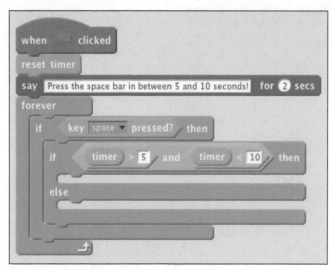

图 4-15 添加好时间检查功能的计时器游戏

完成后，脚本区的内容应当如图 4-16 所示。

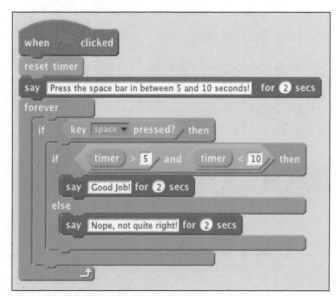

图 4-16 完整的计时器猜测游戏

单击绿旗，头脑中数到 5，然后按下空格键。做得怎么样？如果你能轻易赢得这个游戏，那把猜的数字改成 7～10，再试试看！

4.6 侦测碰撞和距离

除了侦测来自键盘、鼠标和计时器的输入外，Scratch 中的角色还可以使用"碰到 ()""碰到颜色 ()"和"到 () 的距离"积木来侦测其他角色和舞台上的颜色。

一个很酷的、使用"碰到颜色 ()"积木的方法是创建迷宫，来做做看。

1. 选择"文件⇨新建项目"来创建一个新作品。
2. 单击背景面板中的画笔刷图标，打开绘图编辑器并创建一个新背景。
3. 从颜料盘里任意选择一种颜色。
4. 使用"矩形"工具画一个大的矩形，如图 4-17 所示。
5. 选择"线段"工具，并使用同样颜色在矩形中画一个迷宫。

画线的时候按住 Shift 键能确保画出直线。

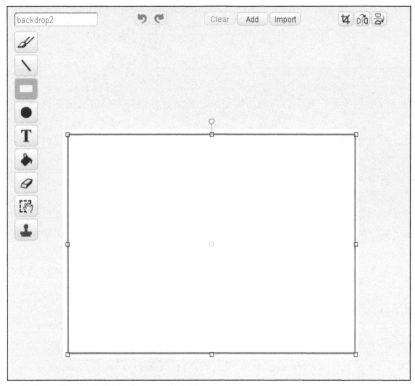

图 4-17　画一个矩形来开始设计迷宫背景

画好的迷宫如图 4-18 所示。

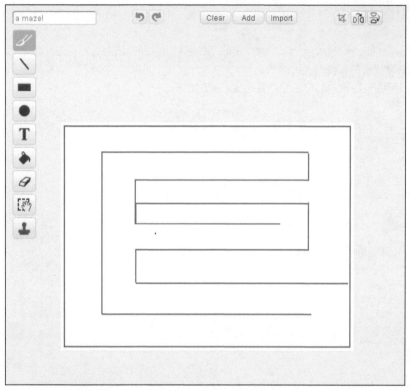

图 4-18　一个迷宫背景

　　制作迷宫的下一步是将角色缩小以便于它能穿过迷宫，同时编写脚本让角色在方位键被按下时在迷宫里移动。

1. 单击"脚本"标签页，关闭绘图编辑和背景菜单。

2. 从顶部工具栏中选择"缩小"工具，使用它将 Scratch 小猫缩小到适合迷宫的尺寸。

3. 从"事件"分类中把"当绿旗被单击"积木拖到脚本区。

4. 从"控制"分类中将"重复执行"积木拖到脚本区，拼在"当绿旗被单击"积木下面。

5. 从"控制"分类中拖 4 块"如果 () 那么"积木，拼到"重复执行"积木里面。

6. 从"侦测"分类中拖 4 块"按键 () 是否按下？"积木，分别放入 4 块"如果 () 那么"积木的六边形空槽当中。

7. 将 4 块"按键 () 是否按下？"积木中的值改为 4 个方位键：上移键、下移键、左移键和右移键（或者任何你选择的 4 个其他键）。

8. 拖一块"将 x 坐标增加 ()"积木，将其中的值改为 -1，放入左移键的"如果 () 那么"积木中。

9. 拖一块"将 x 坐标增加 ()"积木，将其中的值改为 1，放入右移键的"如果 () 那么"积木中。

10. 拖一块"将 y 坐标增加 ()"积木，将其中的值改为 1，放入上移键的"如果 () 那么"积木中。

11. 拖一块"将 y 坐标增加 ()"积木，将其中的值改为 -1，放入下移键的"如果 () 那么"积木中。

　　现在，单击绿旗，就可以使用方位键来四处移动角色了。脚本区的内容应当和图 4-19 类似。

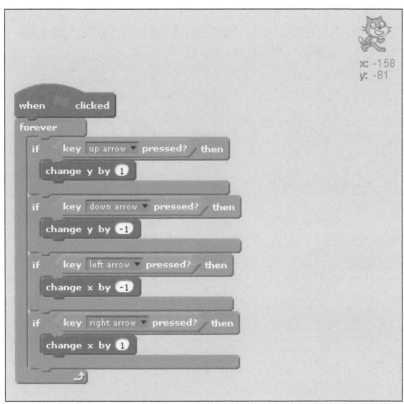

图 4-19　使用方位键控制的迷宫作品

　　虽然可以使用方位键控制角色在舞台上移动，但还不是真正的迷宫游戏，因为角色能在舞台上任意地方移动。可以依照如下步骤将角色控制在迷宫内：

　　1. 拖一块"如果 () 那么"积木，拼在包含侦测按键（上移键）是否按下的"如果 () 那么"积木内。

　　2. 从"侦测"分类中拖一块"碰到颜色 ()"积木，放到上一步新加的"如果 () 那么"积木的六边形空槽中。

　　3. 单击"碰到颜色 ()"积木中的颜色，再单击迷宫的围墙，将"碰到颜色 ()"积木中的颜色设为和迷宫同样的颜色。

　　　　如果迷宫的围墙太窄，那为"碰到颜色 ()"积木选择正确的颜色就不太容易。一定要确保选中正确的颜色，否则程序可能会工作不正常。

　　4. 从"动作"分类中拖一块"将 y 坐标增加 ()"积木，拼到"如果碰到颜色 ()"积木组合里面。

　　5. 将"将 y 坐标增加 ()"积木中的值改为 −1。

　　6. 对另外的 3 个方位键重复步骤 1 ~ 4，确保上移键和下移键中使用的是"将 y 坐标增加 ()"积木，而左移键和右移键中使用的是"将 x 坐标增加 ()"积木。确保积木中所有的 x 和 y 坐标值和图 4-20 中的一致。

　　完成的脚本应当如图 4-20 所示。

7. 单击角色并将它拖曳到迷宫起点，再单击绿旗按钮。

现在可以在迷宫中到处移动角色了。如果角色被卡住了，需要将角色再缩小一点儿或者让迷宫再大一点儿。要保存这个迷宫作品，选择"文件⇨保存"，再给它取个名字。

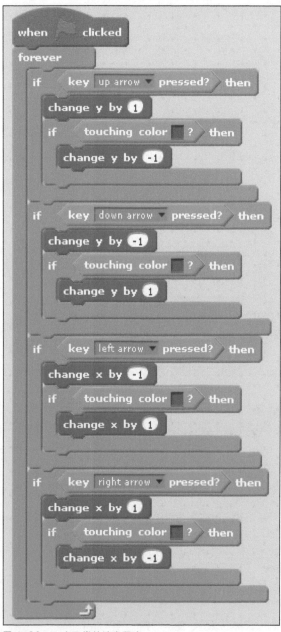

图 4-20　一个正常的迷宫程序

4.7 创建苹果巡逻游戏

在这个作品中，我们把前面的迷宫作品改造成一个游戏，在这个游戏中，玩家需要以最快的速度移动角色穿过迷宫来得分。

制作这个游戏，如下步骤：

1. 在作品编辑器中打开前面做好的迷宫，从顶层菜单中选择"文件⇨另存为"。
2. 将新的作品命名为"苹果巡逻"。
3. 在角色面板上面的"新建角色"图标栏中，单击"从角色库中选取角色"图标，打开角色库。
4. 找到苹果角色，把它加入作品中。
5. 在舞台上拖动苹果，将它放到迷宫的终点处。
6. 使用顶部工具栏中的"缩小"工具，将苹果缩小到适合迷宫围墙的大小，如图 4-21 所示。

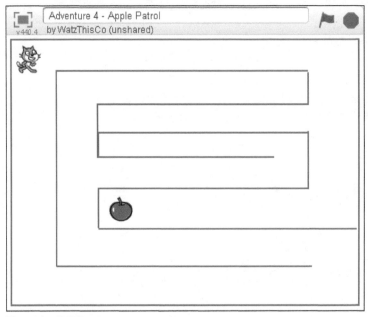

图 4-21　放置苹果

7. 在角色面板中选择苹果角色，一个新的、空白的脚本区就出现了。
8. 从"事件"分类中拖一块"当绿旗被单击"积木到脚本区。
9. 从"外观"分类中拖一块"说 () 秒"积木到苹果的脚本区，拼在"当绿旗被单击"积木下面。
10. 将"说 () 秒"积木中的文本改为"你多快才能找到我？"
11. 从"外观"分类中再拖一块"说 () 秒"积木到脚本区，拼到第一个"说 () 秒"积木下面。
12. 将这块积木中的文本改为"准备好了吗？"
13. 再拖一块"说 () 秒"积木，将里面的文本改为"开始？"
14. 再拖一块"说 () 秒"积木，将里面的文本改为"出发！"
15. 从"侦测"分类中拖一块"计时器归零"积木，拼到最后一个"说 () 秒"积木后面。
16. 从"控制"分类中拖一块"重复执行"积木，拼到"计时器归零"积木的下面。

17. 拖一块"如果 () 那么"积木，放到"重复执行"积木里面。

18. 从"侦测"分类中拖一块"碰到 ()"积木，放到"如果 () 那么"积木的六边形空槽中。

19. 将"碰到 ()"积木中的值改为"角色 1"（如果你给 Scratch 小猫取了名字，就选择那个名字）。

20. 从"声音"分类中选择"播放声音 ()"积木，放到"如果 () 那么 ()"积木中。可以使用积木中默认的声音"pop"，或者改成其他声音。

21. 从"外观"分类中拖一块"说 () 秒"积木，放入"播放声音 ()"下面。

22. 从"运算符"分类中拖一块"() 与 ()"积木，放到"说 () 秒"积木中。

23. 在"() 与 ()"积木中输入"你花的秒数："。

24. 从"侦测"分类中拖一块"计时器"积木，放入"() 与 ()"积木的第二个空槽中。

25. 从"控制"分类中拖一块"停止全部"积木，拼到"说 () 秒"积木的下面。

苹果角色的脚本完成后，应当看上去如图 4-22 所示。

在可以开始玩这个游戏前还有最后一件事需要做：每次游戏开始时，需要把 Scratch 小猫放到迷宫起始线的后面。使用下面的步骤实现这个功能：

1. 单击角色区中的 Scratch 小猫，查看它的脚本区。

2. 使用鼠标在舞台上拖动 Scratch 小猫，将它放到每次游戏开始时你希望它所在的地方。

3. 从"动作"分类中拖一块"移到 x:()y:()"积木，拼到"当绿旗被单击"积木下面。

Scratch 小猫当前在舞台上的坐标值已经在积木中自动填好了，所以不要修改它们！

这样就完成了！单击绿旗开始玩这个游戏吧！

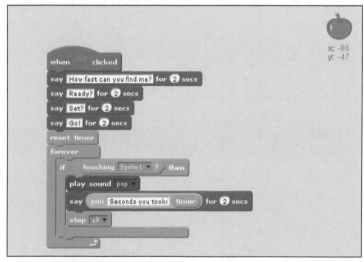

图 4-22　苹果角色的脚本

4.8　编程世界中进一步探险

创建聊天机器人的最终目标是希望聊天机器人看上去尽可能的接近真人。与此有关的一种测试方法是图灵检定。访问 cnet 主页观看一段解释图灵检定的视频。

解锁成就：使用 Scratch 中神奇的侦测积木

下一次探险

    下一次探险中，将学习事件，事件能带给你一种在 Scratch 中完全不同的编程方式，学习了事件后，就没有必要使用很多重复执行！

探险 5
使用事件类积木

在真实世界中，事件可以是任何发生的事情，比如生日聚会或者暴风雪。在程序设计中，事件指那些在程序中发生的事情。Scratch 中有一类专门的积木来让我们处理程序中发生的事情——事件类积木。我们前面已经使用过一块这样的积木——"当绿旗被单击"积木。在本章中，我们将学习其他的事件类积木。

>
>
> 在 Scratch 中，事件通过开始脚本以及广播消息来对程序内外发生的事情做出反应。

5.1 理解事件的角色

到目前为止，我们编写的程序一直在使用"重复执行"积木来不断检查某种事件，比如鼠标单击或者按键是否发生。这个方法没有问题，但是使用它不容易让代码和脚本区整洁有序。

在本章中，我们学习使用事件类积木来侦测程序中发生的事情。

"事件"分类中共有 8 块积木，其中 6 块是帽子积木，另外 2 块是堆栈积木。事件类积木都是棕色的。

回顾第1章：帽子积木是顶部弯曲的积木，它触发一段脚本的启动。堆栈积木是像拼图一样的长方形的积木，可以相互拼在一起。

图5-1展示了所有的事件类积木。

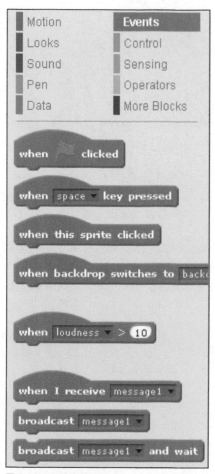

图5-1 事件类积木

事件类积木是每一个Scratch作品不可缺少的部分。使用事件类积木可以做如下事情：

- 当键被按下或者声音、移动被侦测到时，开始执行脚本。
- 当角色被单击时触发一些动作。
- 当舞台背景切换时触发一些动作。
- 通过发送消息来协调多个角色。

- 当绿旗被单击时推动某些事情。

能看出这里的模式吗？在 Scratch 中，事件是让事情发生的关键！

虽然 Scratch 问世已经有 12 年了，但事件类积木却是最近才有的。在 2.0 版本以前，事件类积木被当作控制类积木，在 2.0 版本早期，这些我们现在叫作事件积木的积木，是被称为触发积木的。

5.2　使用按键积木

在前面的章节中，我们使用了循环以及"如果()那么()否则"积木来让 Scratch 监控某个键是否被按下。使用"重复执行"循环来侦测按键操作是在游戏创作中实现平滑移动的最好方法，但是这个方法也有如下一些问题：

- "重复执行"这样的无限循环就像是在告诉程序以最快的速度跑圈儿一样，它根本不考虑这可能是对计算机处理能力的浪费，这些被浪费掉的能力本来是可以用来做其他事情的。
- 在脚本中使用太多的循环和积木嵌套，会让程序难以阅读和编写。
- 当多个角色都在不停循环做动作时，程序会变得很慢。

要侦测偶然发生的按键事件，在程序中使用"当按下()"积木更加简单有效。"当按下()"积木是一块帽子积木，它在侦测到某个特定键被按下之前一直等待，然后再执行拼在它下面的积木。

这里展示如何使用"当按下()"积木来编写一个乡村排舞的程序：

1. 在顶部菜单栏中选择"文件⇨新建项目"，创建一个新作品。
2. 在角色区上面的"新建角色"图标栏中单击"从角色库中选取角色"。
3. 从角色库中找到名为"Jaime Walking"的角色，单击它，再单击"确定"，把它加入到作品中。
4. 右键单击 Scratch 小猫角色，或者使用顶部工具栏中的"删除"工具，从作品中删除 Scratch 小猫。
5. 从"事件"分类中拖一块"当按下()"积木，放到脚本区。
6. 将"当按()"积木中的值改为"右移键"。
7. 从"外观"分类中拖一块"下一个造型"积木，拼到"当按下()"积木下面。
8. 从"动作"分类中拖一块"移动()步"积木，拼到"下一个造型"积木下面。
9. 再拖一块"当按下()"积木到脚本区，你可以把它放在脚本区的任何地方。
10. 将最新的这块"当按下()"积木中的值改为"左移键"。
11. 再从"外观"分类中拖一块"下一个造型"积木，拼到"当按下左移键"积木下面。
12. 从"动作"分类中拖一块"移动()步"积木，拼到"下一个造型"积木下面。
13. 将"移动()步"积木中的值改为 -10。

现在，角色可以来回移动了，试试看吧！脚本区内容应当如图 5-2 所示。

这是一个很好的开始，不过，如果你曾经看过真正的乡村排舞，就会知道，跳舞的人会每隔一会儿就踢踢他们的腿、拍拍他们的鞋子，或者做些其他类似的动作。

克里斯和伊娃说

　　克里斯在优酷上看视频学习了一些有关乡村排舞的知识。他还曾经拥有过一顶牛仔帽。伊娃是一个超有天分的舞蹈家，她了解很多种类型的排舞。现在最好休息一会儿，听点儿音乐，练习跳一跳排舞。

图 5-2　使用"事件"积木的前后移动脚本

　　使用如下步骤让跳排舞的人在空格键被按下时踢腿：

1. 再拖一块"当按下 ()"积木到脚本区。
2. 将"当按下 ()"积木中的键改为"空格键"。
3. 从"外观"分类中拖一块"将造型切换为 ()"积木，拼到"当按下空格键"积木下面。
4. 把"将造型切换为 ()"积木中的值改为 boy3 walking-c。
5. 从"动作"分类中拖一块"向左旋转 () 度"积木，拼到"将造型切换为 boy3 walking-c"积木下面。
6. 把"向左旋转 () 度"积木中的值改为 30。
7. 拖一块"说 () 秒"积木到脚本区，拼到"向左旋转 30 度"积木下面。
　 把"说 () 秒"积木中的第一个值改为"耶……哈！"并将秒数改为 1。
8. 从"动作"分类中拖一块"向右旋转 () 度"积木，拼到"说耶……哈！1 秒"积木下面。
9. 将"向右旋转 () 度"积木中的值改为 30。

　　脚本区的内容现在应当如图 5-3 所示。

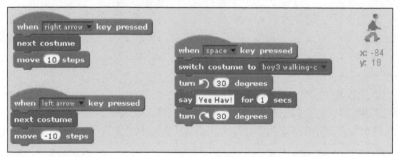

图 5-3　排舞的脚本

请注意，在这个作品中没有使用"当绿旗被单击"积木。如果以一个帽子积木开始一段脚本，那么当作品被打开后，Scratch 就会自动监听拼在帽子积木下面的事件，不论绿旗有没有被单击。

再试试运行这个作品，先按方位键，再按下空格键。跳舞的人是不是移动并踢腿了？"耶……哈！"有没有显示？如果是，那恭喜你！如果不是，请仔细检查所有的积木，在进行下一步学习之前确保所有一切都正确无误。

技巧提示

如果按键时，跳舞的角色没有反应，可能需要在舞台上单击鼠标，告诉浏览器把焦点聚集在舞台上。

定义解释

当在浏览器中单击某一项内容来高亮显示它或激活它时，就称为让那项内容获得焦点。

现在，我们来拷贝跳舞的人，这样他就不会单独跳舞了。使用如下步骤：

1. 右键单击角色区中的角色，选择"复制"。Scratch 就会在角色区和舞台上都复制一份这个男孩儿角色。请注意，角色的所有脚本也同样被复制了。

2. 使用同样的方法或者使用顶部工具栏中的复制工具，再复制新复制出来的角色。

3. 创建这个角色的 3 份拷贝。现在在角色区和舞台上都应该有 6 个一模一样的角色。

4. 在舞台上单击并拖曳角色，将他们排成两行三列，如图 5-4 所示。

图 5-4　将跳舞的人排列整齐

当你按下右移键、左移键或空格键时，所有跳舞的人应当一起移动，就像真正的排舞那样。

挑战

你知道如何给作品添加背景音乐吗？如果你需要一点儿提示，请访问 https://scratch.mit.edu/projects/82856436/，浏览一下那里的脚本，并单击背景区中的舞台背景，看看如何添加背景音乐。

5.3　使用背景切换事件

定义解释

背景是显示在角色背后的舞台内容，一个背景就是舞台的一个造型。

"将背景切换为 ()"积木，如图 5-5 所示，当它侦测到当前舞台背景切换到你选择的另一个背景时，就会执行一段脚本。

图 5-5 "将背景切换为 ()"积木

为了试试"将背景切换为 ()"积木，我们来编写一段程序，当舞台显示不同的背景时，播放不同的声音。使用如下步骤来编写这段程序：

1. 在顶部菜单栏中选择"文件⇨新建项目"，创建一个新作品。
2. 单击背景区中的"从背景库中选择背景"图标，打开 Scratch 的背景库。
3. 找到名为"space"的背景，选中它，再单击"确定"把它添加到作品中。
4. 再次单击"从背景库中选择背景"图标。
5. 选择名为"train tracks 1"的背景，再单击"确定"，将这个背景添加到作品中。
6. 在背景区中单击当前背景（应当是背景 train tracks 1 ），看到背景编辑器就打开了，如图 5-6 所示。

图 5-6 背景编辑器

7. 在背景编辑器中选择空白背景，然后右键单击并选择"删除"，或者使用顶部工具栏中的删除工具，删除空白背景。
8. 单击背景编辑器顶部的"脚本"标签页，给舞台添加一些自定义的脚本。

9. 从"事件"分类中把"当背景切换到 ()"积木拖到脚本区。

10. 确保积木中背景 train tracks 1 被选中，如图 5-7 所示。

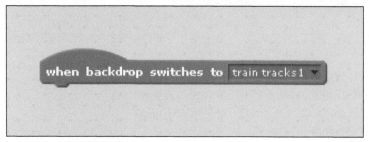

图 5-7　在"当背景切换到 ()"积木中选择背景

11. 从"声音"分类中把"播放声音 () 直到播放完毕"积木拖到脚本区，拼在"当背景切换到 train tracks 1"积木下面。

12. 单击脚本区顶部的"声音"标签页，切换到声音编辑器。

13. 在"新建声音"图标栏中单击"从声音库中选取声音"图标，如图 5-8 所示，打开声音库。

从声音库中选取声音

图 5-8　单击"从声音库中选取声音"图标

14. 找到名为"Guitar Strum"的声音，单击它，再单击"确定"，把该声音添加到作品中。

克里斯和伊娃说

　　　　　　Scratch 声音库中还没有火车声音，不过，我觉得这个吉他声和火车轨道的背景图片却很般配。

15. 单击声音编辑器顶部的"脚本"标签页，返回到脚本区。

16. 把"播放声音 () 直到播放完毕"积木中的值改为弹吉他声 Guitar Strum。

17. 双击"当背景切换到 train tracks 1"积木，确保它工作正常且播放了选中的那段声音。

下一步，连接上空格键，通过它来改变舞台背景。

1. 从"事件"分类中把"当按下 ()"积木拖到脚本区，随意放置。
2. 从"外观"分类中，把"下一个背景"积木拖到脚本区，拼在"当按下空格键"积木下面，如图 5-9 所示。

图 5-9　把"下一个背景"积木和"当按下空格键"积木拼在一起

现在运行作品！当按下空格键时，背景从火车轨道切换成空白背景。再次按下空格键，背景又在两个背景间切换。仔细倾听弹吉他的声音。

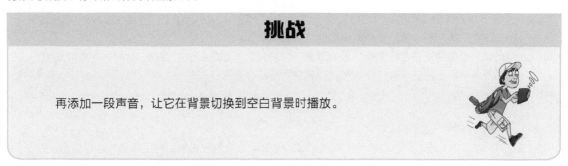

挑战

再添加一段声音，让它在背景切换到空白背景时播放。

5.4　实现侦测和计时事件

下一块事件积木非常有趣，它实际上更像是好多块不同的事件积木组合成的一块积木。它能侦测 3 种不同的事情并启动含有动作、响度和计时器的脚本。这块三合一的积木就是"当 ()>()"积木，如图 5-10 所示。

图 5-10　"当 ()>()"积木

5.4.1　侦测视频移动

如果计算机上接有摄像头，或有内置摄像头，就可以告诉 Scratch 来监控物体在摄像头前的运动。"当视频移动 >()"积木侦测物体移动的幅度是不是超过了积木中设定的值，如果超过，Scratch 就执行拼在这块积木下面的脚本。

"当视频移动 >()"积木中可以设置的最大值是 100。

5.4.2　测量声音响度

如果计算机上配有话筒，就可以使用响度来检测话筒搜集到了多少声音。如果声音响度超过了设定的值，拼在"当响度 >()"积木下面的积木就会被执行。这块积木里可以设置的最大响度值是 100。

5.4.3　等待正确时机

"当计时器 >()"积木会监控计时器的值。当计时器的值超过设定的值时，拼在这块积木下面的积木就会执行。

5.5　理解消息机制

接下来的 3 块事件积木都和消息广播有关。广播是一个角色和其他角色交流的方式，它的用法如下：
1. 一个角色广播一条消息，就像无线电台广播那样。
2. 如果另一个角色正在监听这条特定的消息，那该角色就能听到这条消息，并做一些事情来回应。
3. 如果没有角色在监听这条广播消息，那这条消息不会触发任何动作发生。

定义课程

广播在 Scratch 中有点儿像发送密电，角色只有调到特定频道才可以听见。

广播在 Scratch 中用处广泛，特别是在游戏和动画中，角色需要采取行动以回应其他角色的动作。例如，在篮球电子游戏中，当玩家得分时，你可能希望人群欢呼。要在 Scratch 中编写这样的程序，就需要让篮球穿过球框时广播一条消息。人群角色就可以监听这条广播消息，并在接收到这条消息后开始欢呼。

广播消息积木如图 5-11 所示。

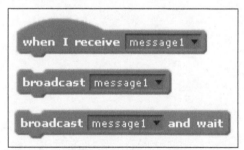

图 5-11　广播消息积木

3 块广播积木的作用如下：
- "当接收到 ()"积木是一块帽子积木，它监听一条消息，当接收到该条消息后，启动一段脚本。
- "广播 ()"积木发出一条其他角色可以监听和做出反应的消息。

- "广播()并等待"积木发出一条消息，然后停止执行当前脚本，直到消息被接收并且"当接收到()"积木下面的脚本执行完毕，当前脚本再继续执行。例如，制作一个游戏，在这个游戏中当一个角色碰到门把手时发出一条消息，这条消息触发一个开门动画。你就可以使用"广播()并等待"积木，这样可以确保在角色试图通过门之前，开门动画能播放完毕（门是一直敞开的）。

为了演示消息广播的用法，我们来创建一个脚本，让两个角色走开。

1. 从顶部工具栏中选择"文件↩新建项目"，创建一个新作品。
2. 右键单击角色区中的 Scratch 小猫，选择"删除"，或者使用顶部工具栏中的"删除"工具。
3. 使用"从角色库中选取角色"图标打开角色库，把"CM Hip - Hop"角色添加到作品中。
4. 再使用"从角色库中选取角色"图标打开角色库，把"D - Money Hip - Hop"角色添加到作品中。
5. 调整两个角色的位置，让他们挨着站在一起。

现在舞台和角色区看上去应如图 5-12 所示。

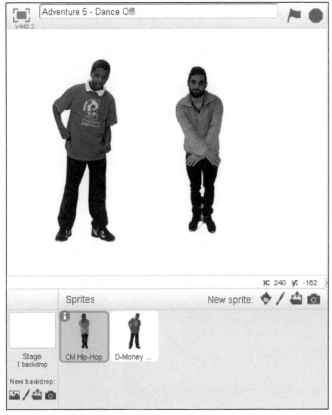

图 5-12   两个跳舞的人在舞台上

6. 在角色区选择 CM Hip - Hop 角色。
7. 从"事件"分类中拖一块"当绿旗被单击"积木到脚本区。
8. 从"事件"分类中拖一块"广播 ()"积木，拼到"当绿旗被单击"积木下面。
9. 单击"广播 ()"积木的下拉列表框，选择"新消息"，如图 5-13 所示。

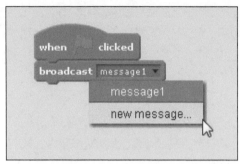

图 5-13　创建新消息

10.　当新消息对话框出现时，在里面输入"跳舞！"

11.　从"事件"分类中拖一块"当接收到 ()"积木到脚本区。

12.　单击"当接收到 ()"积木中的下拉列表框，选择"跳舞！"，这是触发角色 CM Hip - Hop 开始跳舞的事件。

13.　从"控制"分类中拖一块"重复执行 () 次"积木，如果其中的值不是 10，把它改成 10，然后拼到"当接收到 ()"积木下面。

14.　从"外观"分类中拖一块"下一个造型"积木，拼到"重复执行 10 次"积木里面。

15.　从"控制"分类中拖一块"等待 () 秒"积木，拼到"下一个造型"积木下面。

16.　将"等待 () 秒"积木中的值改为 1。

17.　从"事件"分类中拖一块"广播 ()"积木，拼到"重复执行 10 次"积木下面。

18.　从"广播 ()"积木的下拉列表框中选择"新消息"，创建一条内容为"轮到你了！"的消息。

现在脚本区内容应当如图 5-14 所示。

图 5-14　角色 CM Hip - Hop 的跳舞脚本

当这个角色跳完他的那一轮舞后，他将广播"轮到你了！"来告诉另一个角色开始跳舞。使用如下步骤让另一个角色监听轮到他的消息并开始跳舞：

1.　在角色区单击"D - Money Hip - Hop"角色，它的空白脚本区就出现了。

2.　从"事件"分类中拖一块"当接收到 ()"积木到脚本区。

3.　从积木的下拉列表框中选择"轮到你了！"

4.　从"控制"分类中拖一块"重复执行 ()"积木到脚本区，拼到"当接收到 ()"积木的下面，并将"重复执行 ()"积木中的值改为 10。

5.　从"外观"分类中拖一块"下一个造型"积木，拼到"重复执行 10 次"积木里面。

6.　从"控制"分类中拖一块"等待 () 秒"积木，拼到"下一个造型"积木下面。

7. 将"等待 () 秒"积木中的值改为 1。

8. 从"事件"分类中拖一块"广播 ()"积木，将其中的值改为"跳舞！"并拼到"重复执行 10 次"积木下面。

完成后，角色 D - Money Hip - Hop 的脚本区应当如图 5-15 所示。

大功告成！当你准备好后，单击绿旗观看这场舞蹈吧！

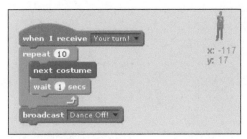

图 5-15　角色 D - Money Hip - Hop 的完整脚本

5.6　使用大事件

使用事件和广播积木，可以制作出非常棒的作品，这些作品中可以使用多个角色、多个背景，还可以使用计时器，十分有趣。话说还有什么能比一个芭蕾舞演员、一只恐龙和一只会说话的猫同时出现在一起更有趣呢？

本书中，我们使用学过的所有有关事件积木的知识，来制作一个三台同演的大马戏。开始动手吧！

图 5-16 展示了当单击绿旗时这个作品在舞台上显示的效果。

图 5-16　三台同演大马戏作品

除了图 5-16 显示的舞台场景外，我们还将为 3 个角色分别创建 3 个单独的场景，让它们展示自己独特的技能。

5.6.1 布置舞台

制作这个大马戏表演作品，需要先找到这个马戏表演需要用到的所有角色和背景，把它们添加到作品中。使用如下步骤开始制作这个作品：

1. 从顶部菜单栏中选择"文件⇨新建项目"创建一个新作品。
2. 从"新建角色"图标栏中选择"从角色库中选取角色"。
3. 找到名为"Dinosaur1"的作品，把它添加到作品中。
4. 单击"从角色库中选取角色"，把角色"Ballerina"添加到作品中。
5. 在背景区中单击"绘制新背景"，打开背景编辑器。
6. 从颜料盘中为进行马戏表演的 3 个环形场地选择颜色。
7. 在绘图编辑器中选择"椭圆"工具。
8. 按住 Shift 键，拖动"椭圆"工具，在绘图编辑器中画出一个圆。

注意，圆刚画好后，这个圆的周围有一个方框，中间还有一个小圆圈，你可以使用它们来调整圆的大小和位置。

9. 调整好圆的大小和位置后，在圆的外面单击一下鼠标。
10. 再使用"椭圆"工具画两个圆，按照图 5-16 调整好它们在舞台上的位置。

 画图过程中，如果出错，可以使用"擦除"工具擦掉 3 个圆圈中的某些部分，或者使用绘图编辑器顶部的"清除"工具，将画布清空，再从头开始画。

11. 单击绘图编辑器左上角的背景名字框，将名字改为"三环圈"，如图 5-17 所示。
12. 从"新建背景"图标栏中单击"从背景库中选择背景"。
13. 找到名为"Stage1"的背景，添加到作品中。这是为 Scratch 小猫表演准备的背景。
14. 从"新建背景"图标栏中单击"从背景库中选择背景"。

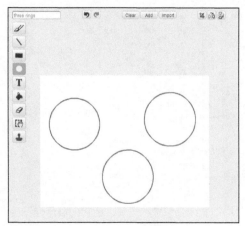

图 5-17 命名为"三环圈"背景

15. 找到名为"Castle3"的背景，添加到作品中，这是为恐龙表演准备的背景。

为了便于查找，Scratch 的角色库是按照字母排序的。

16. 从"新建背景"图标栏中单击"从背景库中选择背景"。
17. 找到名为"Spotlight - Stage"的背景，添加到作品中。这是为芭蕾舞演员准备的背景。
18. 选择顶部工具栏中的剪刀图标（"删除"工具），或者单击空白舞台背景缩略图右上角位于黑色圆圈中的小 x 号，删除空白的舞台背景。
19. 选择"三环圈"背景，让这个背景布置在舞台上。在舞台上拖动每个角色，把它们分别放入每个圆环中，如图 5-18 所示。

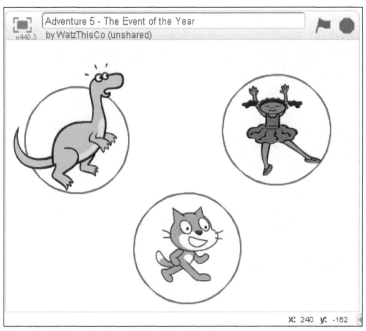

图 5-18 调整角色在"三环圈"背景中的位置

添加好背景和角色后，就可以开始编写脚本进行马戏表演了。

5.6.2 为主持人编写脚本

在这个作品中将有来自 3 个不同角色的 3 场不同演出。单击每个表演者就能观看它的表演，当一个角色表演时，看不到其他另外两个角色。每一个表演者都有自己的舞台背景。

Scratch 小猫将会是这场马戏表演的主持人，使用如下步骤，编写它的脚本：

1. 在角色区中单击 Scratch 小猫，选择"脚本"标签页，查看它的脚本区。

2. 从"事件"分类中拖一块"当角色被单击"积木到脚本区。

3. 从"事件"分类中拖一块"广播 ()"积木，拼到"当角色被单击"积木下面。

4. 从"广播 ()"积木的下拉列表中选择"新消息"。

5. 创建一条内容为"主持人上场"的消息。

6. 拖一块"在 () 秒内滑行到 x:()y:()"积木到脚本区，拼在"广播主持人上场"积木的下面，将积木中的 x 值改为 –76，y 值改为 –80。

7. 拖一块"说 ()() 秒"积木到脚本区，拼到"在 1 秒内滑行到 x:–76 y:–80"积木下面。

8. 将"说 ()() 秒"积木中的值改为"欢迎观看大型马戏秀！"

9. 拖一块"播放声音 ()"积木到脚本区，拼在"说欢迎观看大型马戏秀！2 秒"下面。

10. 在脚本区顶部选择"声音"标签页，打开声音编辑器。

11. 在"新建声音"图标栏选择"从声音库中选取声音"图标。

12. 找到名为"clapping"的声音，添加到作品中。

13. 单击"脚本"标签页，返回到脚本区。

14. 将"播放声音 ()"积木中的声音改为"clapping"。

15. 从"控制"分类中拖一块"等待 () 秒"积木，拼在"播放声音 clapping"积木下面。

16. 从"事件"分类中拖一块"广播 ()"积木，拼在"等待 () 秒"积木下面。

17. 从"广播 ()"积木的下拉列表中选择"新消息"，创建一条内容为"马戏表演"的消息。

现在，Scratch 小猫的脚本区内容应当如图 5-19 所示。

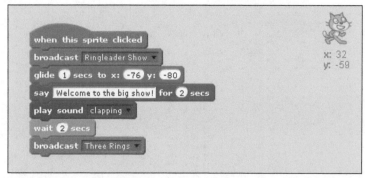

图 5-19　Scratch 小猫的脚本

5.6.3　为芭蕾舞表演编写脚本

芭蕾舞演员的脚本大部分和领队小猫的脚本类似，因此可以复制 Scratch 小猫的脚本节省一点儿时间。使用如下步骤，将 Scratch 小猫的脚本复制给芭蕾舞演员，再进行修改。

1. 选中角色区中的 Scratch 小猫，单击脚本区的"当角色被单击"积木，将整个脚本拖到角色区的 Ballerina 角色上面，然后松开鼠标左键。

2. 单击角色区中的芭蕾舞演员，能看到 Scratch 小猫的所有脚本整个被复制到了芭蕾舞演员的脚本区。

3. 单击"广播 ()"积木的下拉列表，新建一条"芭蕾舞表演"的消息。

4. 单击"说欢迎看大型马戏秀！2 秒"积木，往下拖，将它和上面的"在 1 秒内滑行到 x:-76 y:-80"积木分开，如图 5-20 所示。

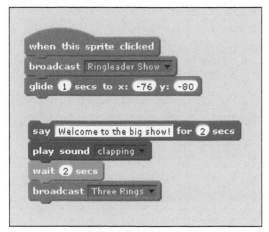

图 5-20 分离"说欢迎观看大型马戏秀！2 秒"积木和"在 1 秒内滑行到 x:-76 y:-80"积木

5. 单击"播放声音 clapping"积木，往下拖，将它和"说欢迎观看大型马戏秀！2 秒"积木分开，如图 5-21 所示。

6. 单击"说欢迎观看大型马戏秀！2 秒"积木，将它拖回到积木区，从脚本区删除。

7. 从"控制"分类中拖一块"重复执行 () 次"积木，拼到"在 1 秒内滑行到 x:-76 y:-80"积木下面，将滑行积木里面的 x 和 y 值分别改为 26 和 0。

8. 将"重复执行 () 次"积木中的值改为 12。

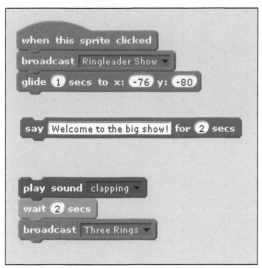

图 5-21 分离"播放声音 clapping"积木和"说欢迎观看大型马戏秀！2 秒"积木

9. 从"外观"分类中拖一块"下一个造型"积木到脚本区，放在"重复执行 12 次"积木里面。

芭蕾舞演员有 4 个不同的造型，重复 12 次"下一个造型"积木，会让她每个舞蹈动作做 3 次，然后停止在最开始的舞蹈动作那里。

10. 从"控制"分类中拖一块"等待 () 秒"积木，拼到"下一个造型"积木下面。

11. 将"等待 () 秒"积木中的值改为 0.5。

12. 拖动"播放声音 clapping"积木以及拼在它下面的所有积木，将它们拼在"重复执行 12 次"积木下面。

13. 单击芭蕾舞演员脚本最下面的"广播 ()"积木，确保积木中的消息是"马戏表演"。

这就是芭蕾舞演员的全部脚本！她的脚本区内容应当如图 5-22 所示。

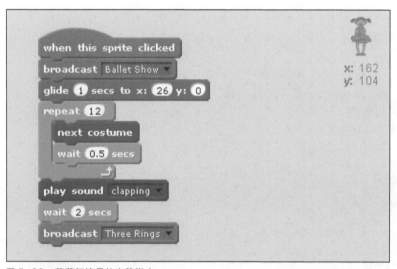

图 5-22 芭蕾舞演员的完整脚本

继续学习下一节，创建恐龙的脚本。

访问 www.wiley.com/go/adventuresincoding 选择 Adventure 5，观看克里斯写的恐龙表演脚本。

5.6.4 为恐龙表演编写脚本

这里是恐龙的表演脚本：

1. 选中角色区中的芭蕾舞演员角色，将她的脚本拖动到角色区里的 Dinosaur 角色上，然后放下。
2. 选中角色区中的 Dinosaur 角色，打开脚本区，能看到芭蕾舞演员的脚本复制给了恐龙角色。
3. 单击第一块"广播芭蕾舞表演"积木，新建一条"恐龙表演"的消息，并选中它。
把下面滑行积木中的 x 值改为 0，y 值改为 −50。
4. 将"重复执行 12 次"积木中的值改为 14。

代码探究

　　恐龙角色有 7 个不同的造型，将重复执行次数从 12 改为 14 能确保能将每个造型都展示 2 次，并且展示结束后能回到它最初的造型。

恐龙表演的脚本就写好了！现在，恐龙的脚本区内容如图 5-23 所示。

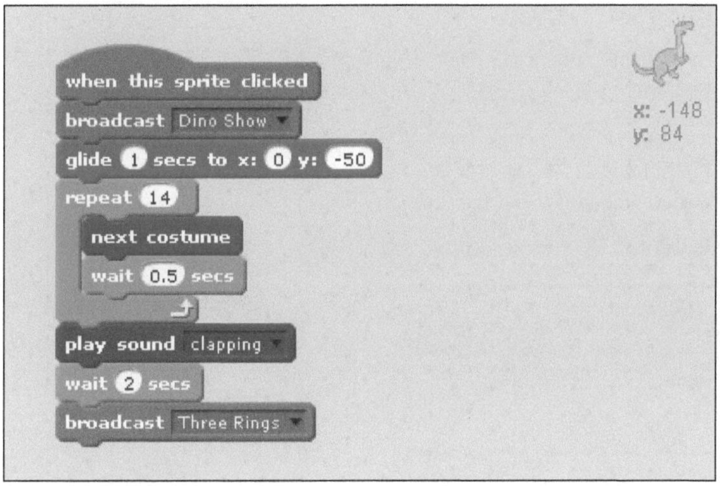

图 5-23　恐龙的脚本

5.6.5 为舞台编写脚本

　　每一个角色的表演脚本都写好了，现在开始编写脚本改变舞台背景，让舞台背景和角色的表演相匹配。

使用如下步骤编写脚本让舞台背景根据不同的消息和事件进行相应切换:

1. 单击 Scratch 作品编辑器左下角的舞台背景。
2. 拖一块"当绿旗被单击"积木到脚本区。
3. 从"外观"分类中拖一块"将背景切换为 ()"积木,拼在"当绿旗被单击"积木下面。
4. 从这块"将背景切换为 ()"积木中的下拉列表中选择"三环圈"背景。
5. 从"事件"分类中拖一块"当接收到 ()"到脚本区。
6. 将这块积木中的值选择为"主持人上场"。
7. 从"外观"分类中拖一块"将背景切换为 ()"积木到脚本区,拼在"当接收到主持人上场"积木下面。
8. 将这块"将背景切换为 ()"积木中的值选择为"stage1"。

现在舞台背景的脚本区已经有两段脚本了,如图 5-24 所示。

图 5-24　前两段舞台背景脚本

9. 右键选中以"当接收到主持人上场"积木开始的那一段脚本,选择"复制"。
10. 在复制出来的脚本中,将积木"当接收到主持人上场"中的消息改为"芭蕾舞表演"。
11. 把"将背景切换为 ()"积木中的选项改为"spotlight - stage"。
12. 右键单击复制出的脚本,选择"复制",再复制一份。
13. 将最新复制出的脚本中的"当接收到芭蕾舞表演"积木中的消息改为"恐龙表演"。
14. 将最新复制出的脚本中的"将背景切换为 spotlight - stage"中的消息改为"castle3"。
15. 再复制一份这段脚本的拷贝。
16. 把"当接收到恐龙表演"积木中的消息改为"马戏表演"。
17. 把"将背景切换为 castle3"积木中的消息改为"三环圈"。

现在脚本区应当有 5 段脚本了,如图 5-25 所示。

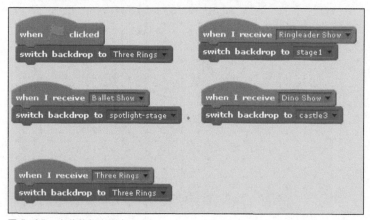

图 5-25　完整的舞台脚本

这些帽子积木中的每一块都监听一个角色广播的消息，并切换到相应的舞台背景。

5.6.6　显示和隐藏角色

编写这个三台同演马戏作品的最后一步，是让角色在其他表演者被单击时隐藏自己。

1. 单击 Scratch 小猫，把它放在舞台上的圆圈内。
2. 拖一块"当绿旗被单击"积木到脚本区。
3. 从"外观"分类中拖一块"显示"积木，拼到"当绿旗被单击"积木下面。
4. 从"动作"分类中拖一块"移到 x:()y:()"积木，拼到"显示"积木下面。积木中的 x 和 y 坐标值已经是 Scratch 小猫的当前坐标值了，不需要修改。
5. 从"事件"分类中拖 3 块"当接收到 ()"积木到脚本区。
6. 将 3 块积木中的消息分别改为"恐龙表演""芭蕾舞表演"和"马戏表演"。
7. 从"外观"分类中选择两块"隐藏"积木，将其中一块拼到"当接收到恐龙表演"积木下面，另一块拼到"当接收到芭蕾舞表演"积木下面。
8. 从"外观"分类中拖一块"显示"积木，拼到"当接收到马戏表演"积木下面。
9. 从"动作"分类中拖一块"移到 x:()y:()"积木，拼在"当接收到马戏表演"的"显示"积木的下面。

Scratch 小猫的脚本区内容现在应当如图 5-26 所示。

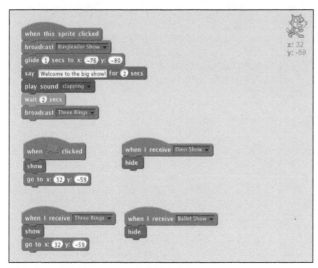

图 5-26　完整的 Scratch 小猫的脚本

10. 为另外两个角色重复步骤 2 ~ 7。确保正在修改的角色使用的是"显示"积木而不是"隐藏"积木。

如果你选择把 Scartch 小猫的脚本复制给其他角色，一定要将"移到 x:()y:()"积木中的坐标值修改为当前角色在舞台上的正确坐标值。

完成后，恐龙角色的脚本区如图 5-27 所示。

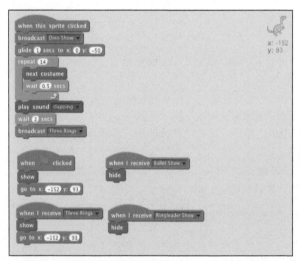

图 5-27　恐龙角色的完整脚本

芭蕾舞演员的脚本区应当如图 5-28 所示。

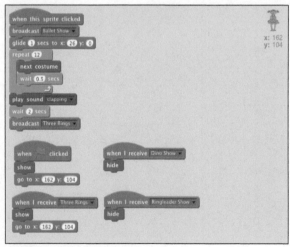

图 5-28　芭蕾舞演员的完整脚本

祝贺你！你做到了！这是目前为止你完成的最大的一个作品。单击绿旗执行一下看看。单击任一个角色，观看它表演，表演结束后，返回到三环圈马戏背景。

拍拍自己的背，大声吼出胜利的喜悦吧！如果你的程序运行起来还不太正确，查看一下前面的步骤，再检查一下自己的程序。

5.7   进一步探索

大卫·马伦使用事件类积木做了一个很有趣的游戏，叫"奥斯卡时间"，可以学习一下他是如何制作这个作品的。快试试吧！

解锁成就：**主要事件**

下一次探险

下一次探险中，我们将学习如何编写程序在 Scratch 中存储事实和数据。

探险 **6**

变量和列表

要是学到了关于鸟儿的知识、认识了新的朋友，你会把这些都记在脑子里。同样的，当计算机要记录游戏中的成绩，或是记住你的名字，它也要用到计算机的存储器。

你会在头脑中给各种数据和图像起名字来记住它们。没有名字，任何数据和图像就没有用处了。比如，15 000 只是一个数字，但是和名字联系起来，就成了能记住的有趣的事实了，就好像：

大象可以有 15 000 磅（约 6 803 公斤）那么重！

计算机也是用这个办法来记住东西的。在编程语言中，为了让计算机记住某样东西，你就要给它一个名字，这个名字就叫作变量。

一个变量就是一个可以起名字的盒子。这个名字就代表了盒子里的全部数据。

在这一次的探险中，你会学到如何在 Scratch 使用变量来记住事情、掌握事情的变化。

6.1 理解变量积木

变量就像是盒子，你可以把程序里要使用或记住的字词组合、数字、日期等各种数据都放进去。

如果想要写一个程序，让用户输入一些问题的答案，就可以用第 4 章里学过的"询问 () 并等待"积木块。每问一个问题，回答就会放进对应的"回答"积木块里。

用下面的步骤来创建一个简单的问答程序：

1. 从菜单中选择"文件⇨新建项目"来创建一个新项目。

2. 从"侦测"分类拖曳"询问 () 并等待"积木块到脚本区。把这个积木块里的问题填写为"你的名字是？"

3. 从"外观"分类里把"思考 ()() 秒"积木块拖过来贴到"询问 () 并等待"积木块的下面。

4. 从"侦测"分类拖一个"回答"积木块，放进"思考 ()() 秒"积木块中的方框里。

这样，你的脚本区就应该像图 6-1 那样了。

图 6-1　问一个问题，然后获得答案

人们说，要在第一次见面的时候就能记住一个人的名字，最好的办法就是立即把这个人的名字说出来。这正是 Scratch 小猫在这个程序里将要做的事情。

双击"询问 () 并等待"积木块来运行这个程序。当 Scratch 小猫问你的名字的时候，输入名字然后按下键盘上的 enter 键，或者单击输入框右边的那个勾。Scratch 小猫会"思考"一下你的名字，然后像图 6-2 那样显示出来。

下面来看看 Scratch 小猫问下一个问题的时候会怎么样。按照下面的步骤做：

1. 右键单击脚本区里的"询问 () 并等待"积木块，然后选择"复制"。

图 6-2　Scratch 小猫正在思考你的名字

这样又创建了一份连在一起的"询问 () 并等待"积木块和"思考 (回答)() 秒"积木块。

2. 把复制出来的积木块连接到原来的两个积木块下面。这样脚本区就应该像图 6-3 那样了。

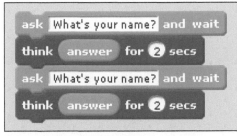

图 6-3　询问然后思考两个名字

3. 双击第一个"询问 () 并等待"积木块。

4. 用你的名字回答第一个问题，Scratch 小猫会"思考"你的名字，就跟上次一样。

5. 用别人的名字回答第二个问题，Scratch 小猫会"思考"这个新名字。

Scratch 小猫可以问问题，然后重复你的回答。不过，一旦问下一个问题，它就忘了第一个问题的答案。要是在聚会上，它那样可是很尴尬的哟！

我们可以用变量来解决这个问题，让 Scratch 小猫成为合格的聚会主人。

6.1.1　变量是有名字的

现在，我们要创建两个变量，来记住对两个问题的两个不同的回答。程序中的每个变量都有一个独一无二的名字，我们要用它们的名字来存取对应的数值。

在 Scratch，变量可以任意起名字。在这个项目里，我们把两个变量叫作姓名 1 和姓名 2。

按照下面的步骤创建两个变量，然后用它们来记住两个不同的回答：

1. 单击"数据"分类，会看到两个按钮，"新建变量"和"新建列表"，如图 6-4 所示。

图 6-4　数据分类

2. 单击"新建变量"。打开"新建变量"弹出窗口，如图 6-5 所示。
3. 在新建变量弹出窗口的"变量名"右边的文本区里输入"姓名 1"。

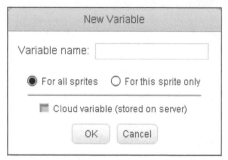

图 6-5　新建变量弹出窗口

"云变量"的勾选框只有在登录上 Scratch 账号之后才会出现。

4. 弹出窗口里其他东西都不要动，然后单击"OK"。在"数据"分类里就会出现一个新的写着"姓名 1"的新积木块，还有 4 个新的堆叠起来的积木块，如图 6-6 所示。

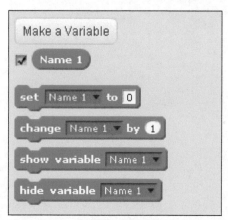

图 6-6　第一个变量，还有数据操作的积木块

6.1.2　变量可以显示在舞台上

现在看看舞台，可以看到左上角出现了新的方框，显示了新建变量的名字，还有一个橙色的方块，里面显示着 0，如图 6-7 所示。这个 0 是保存在变量里的数据值。所有的变量在创建的时候都是以 0 开始的。

图 6-7　在舞台上的第一个变量的值

　　刚把变量创建出来的时候，它会显示在舞台上。这个显示可以用来表示游戏当时的分数，也可以用来帮助你看到程序中的情况。这个显示出来的变量可以拖到舞台上任意地方去，也可以完全不显示出来。要隐藏变量，需要在"数据"分类中取消变量名字前面的勾选，如图 6-8 所示。

　　马上我们就要用这个"姓名 1"变量来记住你告诉 Scratch 小猫的第一个名字了。不过首先，让我们用下面的步骤来创建另一个变量，这个变量要用来帮助 Scratch 小猫记住第二个名字：

1. 单击"数据"分类里的"新建变量"按钮，打开"新建变量"弹出窗口。
2. 把这个新变量命名为"姓名 2"。
3. 单击"OK"来创建新的变量。这样，"数据"分类就应该看起来像图 6-9 那样。

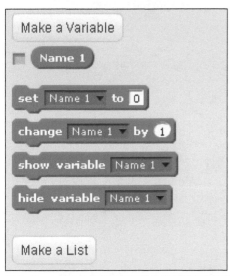

图 6-8　去掉变量前面的勾选就能把变量隐藏起来了

克里斯和伊娃说

我们现在还是让这两个变量前面的勾都打上。无论是不是显示，变量自身的操作都是一样的，但是显示在舞台上，就能直接看到往变量里写入的时候，程序是怎样变化的。只要你愿意，随时都可以把它们隐藏起来！

图 6-9　有两个变量的"数据"分类

6.1.3　变量是可以变化的

变量之所以被叫作变量，就是因为它们是可以变化的，就是说可以修改存放在里面的数值。用来修改变量数值的是"将 () 设定为 ()"积木块，如图 6-10 所示。

图 6-10　"将 () 设定为 ()"积木块

下面，我们用这个"将 () 设定为 ()"积木块和变量来让 Scratch 小猫记住两个名字。按照下面的步骤来做：

1. 从"数据"分类拖曳一个"将 () 设定为 ()"积木块到脚本区，拼贴到第一个"询问 () 并等待"积木块的下面。

2. 把"将 () 设定为 ()"积木块的下拉菜单里的值改为"姓名 1"。

3. 从"侦测"分类拖曳一个"回答"积木块，放进"将 () 设定为 ()"积木块里的白色方框里。

4. 把第一个"思考 ()() 秒"积木块里的"回答"积木块拖出来，拖回到模块区，这样就把它删除掉了。

5. 从"数据"分类拖曳"姓名 1"变量块，放进第一个"思考 ()() 秒"积木块里的方框里。

这样，脚本区应该看上去像图 6-11 一样。

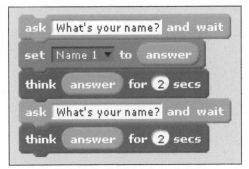

图 6-11　把第一个回答保存在一个变量中

6. 从"数据"分类拖曳另一个"将 () 设定为 ()"积木块，贴到第二个"询问 () 并等待"积木块的下面。

7. 把新的"将 () 设定为 ()"积木块里的下拉菜单修改为"姓名 2"。

8. 从"侦测"分类拖曳一个"回答"积木块，放进"将 () 设定为 ()"积木块的白色的方框里。

9. 把第二个"思考 ()() 秒"积木块里的"回答"积木块删除掉，然后替换为"数据"分类里的"姓名 2"变量。

这样，脚本区应该看上去像图 6-12 一样。

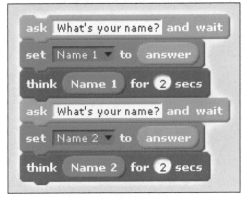

图 6-12　在两个变量里保存两个回答

10. 从"外观"分类拖曳一个"说 ()() 秒"积木块，贴到脚本的最下面。

11. 从"运算符"分类拖曳一个"连接 ()()"积木块，放进"说 ()() 秒"积木块的第一个空里，如图 6-13 所示。

12. 从"数据"分类拖曳"姓名 1"积木块，放进"连接 ()()"积木块的第二个矩形框内，如图 6-14 所示。

13. 从"外观"分类再拖曳一个"说 ()() 秒"积木块，然后贴到第一个"说 ()() 秒"积木块的下面。

14. 从"运算符"分类拖曳一个"连接 ()()"积木块，放进"说 ()() 秒"积木块的第一个空里。

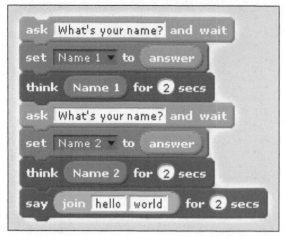

图 6-13　把一个"连接 ()()"积木块，放进"说 ()() 秒"积木块里

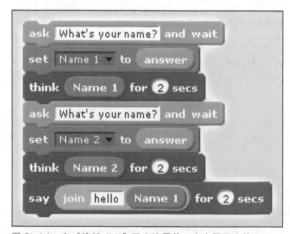

图 6-14　在"连接 ()()"积木块里放一个变量积木块

15. 从"数据"分类拖曳"姓名 2"积木块，放进"连接 ()()"积木块的第二个矩形框内。

这样，脚本区应该像图 6-15 那样。

16. 双击脚本的第一个积木块来运行程序。Scratch 会问你两个名字，然后分别对不同的名字表示祝福！

6.1.4　Scratch 的变量是持久存储的

试试把这个程序运行几次，每次都用不同的名字。注意观察舞台上显示的变量，你会发现在提交了新的名字之后，变量中原来的名字就会被替换成新提交的了。

Scratch 中的变量有一个有意思的地方，就是变量是持久存储的。这个术语的意思是如果把程序停下来，然后再启动，程序中的变量还会保持之前停下时的值。

即使把浏览器关了，甚至把计算机都关了，以后再打开这个程序的时候，变量还是上次运行时的值。

图 6-15　记住并说出两个名字

6.1.5　Scratch 变量很大

如果变量是盒子，那 Scratch 有一些非常大的盒子。

试试看，在 Scratch 小猫问的每个问题里输入多个名字或是多个词。无论你输入的是什么，只要不重新运行程序输入新的名字，变量都能记住你输入的内容。

图 6-16 里显示的是在"询问 () 并等待"积木块里能输入相当多的文字，而 Scratch 能像保存单个名字一样地把它的内容保存下来。

在单个 Scratch 变量里最多可以保存 10 240 个字符。这差不多就是这本书从头开始直到这里的全部字符！照这么说，Scratch 小猫是可以记住人们可以告诉它的最长的名字的。

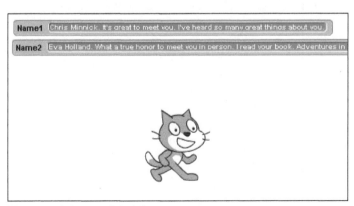

图 6-16　在变量里保存长的值

6.2　使用列表

我们已经看过了在 Scratch 里如何把单个的值保存在变量里。不过，如果有一长串名字要记住呢？一个个地创建变量来记住这些名字要花很多时间！而且，如果你还不知道具体有多少名字要 Scratch 小猫记住呢？

所以要用列表！Scratch 中的列表就像实际生活中的列表，可以增加列表中的项目、从列表中删除项目，也可以修改列表中项目的值。

下面来看看如何用循环和列表让 Scratch 小猫询问并记住很多名字，直到你不想玩了才停下！

创建列表

列表和变量差不多，不同的是列表可以记住不止一个值。在其他的编程语言中，列表被叫作数组。

> 数组是一种特殊形式的变量，它可以在同一个名字下保存多个值。

按照下面的步骤，在 Scratch 中创建第一个列表：

1. 在菜单条中选择"文件 ⇨ 新建项目"。
2. 在"数据"分类里单击"新建列表"，就会弹出"新建列表"窗口，如图 6-17 所示。

图 6-17　新建列表弹出窗口

3. 在"列表名称"旁边的文本输入框里输入"姓名"，然后单击"OK"。这样，就会在"数据"分类里出现"姓名"这个列表，下面还有另外 9 个列表积木块，如图 6-18 所示。

图 6-18　列表积木块

看一下舞台，"姓名"列表就出现在左上角，如图 6-19 所示。

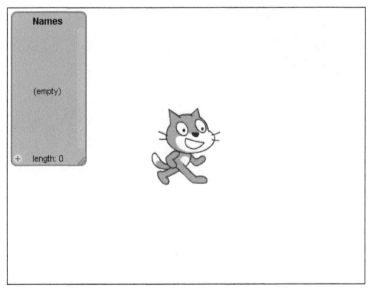

图 6-19　舞台上的"姓名"列表

一个新列表创建出来，里面是没有任何值的。没有值的列表叫作空列表。用下面的步骤往列表里面加一些项目，然后删除一些项目。

1.　单击舞台上的"姓名"列表右下角的那个小加号。这样就会在列表的顶部出现一个空白的文本区域，同时列表的长度会变成 1，如图 6-20 所示。

2. 在"姓名"列表内的空白文本框内输入一个名字。如果此刻按下 enter（或 Return）键，就会在列表中加入一个新的空白项目。如果在列表外面的任何地方单击一下，刚才输入的值就会保存下来，但是并不会产生一个新的空白项目。

3. 往列表里面多加几个项目。

4. 依次单击列表中的每一个项目，然后单击它右侧出现的有圆圈的 X（如图 6-21 所示），把每个项目都删除掉。

不过，大多数时候，对列表的使用，是用我们写的脚本来添加和删除其中的项目。接下来，我们要学习如何用列表的积木块来让 Scratch 小猫记住一大堆的名字！

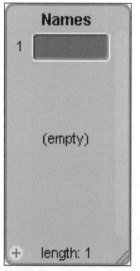 

图 6-20　在列表中添加一个项目　　图 6-21　从舞台上的列表里删除一个项目

6.3　万能的聚会主人

在这个项目里，我们要创建一个在聚会时、在学校里，或者是那种有很多人聚集的场合非常有用的程序。这个万能聚会主人可以记住无限数量的人名，还能记住他们的年龄。

6.3.1　准备列表和变量

首先要做的是创建程序所需的数组和变量。

1. 单击"文件 ➪ 新建项目"创建一个新项目。

2. 在"数据"分类创建两个新的列表：姓名和年龄。

3. 创建一个新的叫作"名字序号"的变量。

4. 这样，"数据"分类应该看起来就是图 6-22 的样子。

5. 从"事件"分类拖曳一个"当绿旗被单击"积木块到脚本区。

图 6-22　聚会主人的变量和列表

6.3.2　询问名字和年龄

接下来，我们要用询问和循环来收集每一位聚会客人的数据。请按照以下步骤操作：

1. 从"侦测"分类拖曳"询问 () 并等待"积木块放进脚本区，把它的问题修改为"一共有多少人？"
2. 从"控制"分类拖曳一个"重复执行 () 次"积木块，贴到"询问 () 并等待"积木块的下面。
3. 从"侦测"分类拖曳一个"回答"积木块到"重复执行 () 次"的白色椭圆里。
4. 从"侦测"分类拖曳一个"询问 () 并等待"积木块，贴到"重复执行 () 次"积木块的里面。

还记得吗？像"重复执行 () 次"这样的 C- 积木块构成了循环。

把"询问 () 并等待"积木块里的问题设为"你的名字是什么？"

5. 从"数据"分类拖曳一个"将 () 加到 () 列表"积木块，贴到"重复执行 () 次"里的"询问 () 并等待"的下面。
6. 从"侦测"分类拖曳一个"回答"积木块，放进"将 () 加到 () 列表"块里面的左边的椭圆的地方。
7. 从"将 (回答) 加到 () 列表"积木块右边的下拉菜单中选择"姓名"。

这样，脚本区应该像图 6-23 那样。

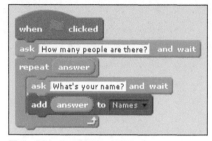

图 6-23　收集姓名加到列表中

8．从"数据"分类拖曳一个"询问 () 并等待"积木块，贴到"重复执行 () 次"里的"将（回答）加到（姓名）"的下面。

9．把这个积木块里的问题设为"你几岁了？"

10．从"数据"分类拖曳一个"将 () 加到 () 列表"积木块，贴到"重复执行 () 次"里的"询问（你几岁了？）并等待"积木块的下面。

11．从"侦测"分类拖曳一个"回答"积木块，放进"将 () 加到 () 列表"积木块里左边的椭圆空位里。

12．从"将（回答）加到 () 列表"积木块右边的下拉菜单中选择"年龄"。

这样，脚本区应该是图 6-24 的样子。

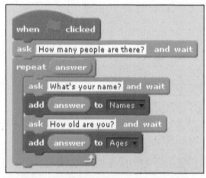

图 6-24　把回答加到姓名和年龄列表中

单击绿旗来试试这个程序！在第一个问题那里输入一个数字。现在不要输入很大的数字（试试 2 或者 3 就好），这样的话就不至于花很多时间来回答接下来的问题。

随着你一个个地回答问题，舞台上就能看到这两个列表里有项目加进去了。接下来，我们要写代码来让 Scratch 记住并重复每个人的姓名和年龄。

6.3.3　回忆姓名和年龄

要在创建了列表之后能记住并使用这些项目，需要在"第 () 项于 ()"积木块里放进某个列表项目的编号。比如，如果想要让某个角色说出姓名列表里的第三个项目是什么，就要用如图 6-25 所示的积木块。

图 6-25　说出姓名列表里的第三个项目

在这一节里所创建的程序会首先告诉你聚会伙伴列表里有多少项，然后说出每一位客人的姓名和年龄。为此，我们要用循环来重复地为列表中的每一项做"说 ()() 秒"积木块。以下是具体的步骤：

1. 拖曳一个"说 ()() 秒"积木块，贴到"重复执行 () 次"积木块的下面。
2. 从"运算符"分类拖曳一个"连接"积木块，放进"说 ()() 秒"积木块的第一个空位里。
3. 再从"运算符"分类拖曳一个"连接"积木块，放进刚才放的"连接"积木块的第一个空位里。
4. 把这个新的"连接"积木块的第一个值改成"我认识"。
5. 从"数据"分类拖曳一个"() 的长度"积木块，放到刚才这个"连接"积木块的第二个空位。
6. 把"() 的长度"积木块里的值改为"姓名"。
7. 把外面那个"连接"积木块的第二个空位里的值改为"个人"。

这些都做好后，就应该像图 6-26 那样：

图 6-26　做好了的数人数的积木块

8. 从"数据"分类拖曳一个"将 () 设定为 ()"积木块，贴到"说 ()() 秒"积木块的下面。
9. 把"将 () 设定为 ()"积木块的第一个值修改为"名字序号"，然后把第二个值修改为"0"。
10. 从"控制"分类拖曳一个"重复执行 () 次"积木块，贴到脚本的最下面。
11. 从"数据"分类拖曳一个"() 的长度"积木块，放进"重复执行 () 次"积木块的椭圆空位里。
12. 把"() 的长度"积木块里的值改为"姓名"。

做到这里，"重复执行 () 次"循环会为叫作"姓名"的列表里的每一项执行一次。

13. 从"数据"分类拖曳一个"将 () 增加 ()"积木块到"重复执行 ((姓名) 的长度) 次"积木块内。
14. 把"将 () 增加 ()"积木块里的第一个值改为"名字序号"，第二个值改为"1"。
15. 把一个"说 ()() 秒"积木块拖进脚本区，贴在"重复执行 ((姓名) 的长度) 次"积木块内，放在"将 (名字序号) 增加 (1)"的后面。
16. 拖曳一个"连接 ()()"积木块，放进"说 ()() 秒"积木块的第一个空位。
17. 从"数据"分类拖曳一个"第 () 项于 ()"积木块，放进"连接 ()()"积木块的第一个值那里。
18. 把"名字序号"变量积木块拖进"第 () 项于 ()"积木块的第一个值那里，设第二个值为"姓名"。
19. 拖曳一个"第 () 项于 ()"积木块到"连接 ()()"积木块的第二个空位。
20. 把一个"名字序号"变量积木块拖进这个新的"第 () 项于 ()"积木块的第一个空位，然后设置第二个值为"姓名"。
21. 再拖一个"连接 ()()"积木块到第一个"连接 ()()"积木块的第二个空位。在它的第一个空位，输入"是"。
22. 从"数据"分类拖曳一个"第 () 项于 ()"积木块到"连接 ()()"积木块的第二个空位。
23. 把一个"名字序号"变量积木块拖进这个新的"第 () 项于 ()"积木块的第一个空位，把第二个设置为"年龄"。

为了保证做对，可能需要把一些积木块拖出来，对好了以后再一起放回去。对照一下图 6-27，完成了的"说 ()() 秒"积木块应该是那个样子的。

图 6-27 完成了的 "说 ()() 秒" 积木块是可以回忆起姓名和年龄的

24. 从 "数据" 分类拖曳一个 "删除第 () 项于 ()" 积木块到 "当绿旗被单击" 积木块的下面。

25. 把 "删除第 () 项于 ()" 积木块的第一个值修改为 "全部", 然后把第二个值设为 "年龄"。

26. 从 "数据" 分类再拖曳一个 "删除第 () 项于 ()" 积木块, 贴到第一个 "删除第 () 项于 ()" 积木块的下面。

27. 把这个 "删除第 () 项于 ()" 积木块的第一个值设为 "全部", 第二个设为 "姓名"。

程序完成的话, 就应该是图 6-28 那个样子。

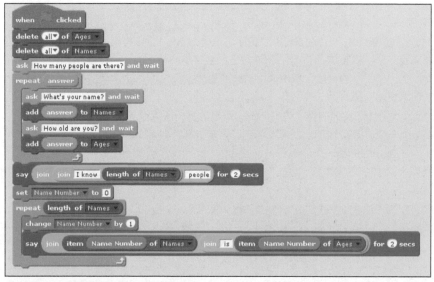

图 6-28 完成了的聚会主人 Scratch 程序

你做的怎么样？单击绿旗来运行这个程序。如果运行得不正确, 逐一仔细检查所有的积木块, 直到找出问题所在。

要进一步学习列表和数组, 请访问本书所附网站: www.wiley.com/go/adventuresincoding, 在那里可以看克里斯是如何做出 "Bird Fact" 程序的!

6.4 进一步探索

在优酷访问 B 先生的代码学院，观看解释变量的视频。

解锁成就：创建记忆

> **下一次探险**
>
> 下一次探险中，我们要了解如何使用运算符来计算数字、处理文本和逻辑关系，做出超有趣的数学测验来！

探险 7

使用 Scratch 的运算符

　　上次探险中，我们学习了 Scratch 里的变量和列表。变量和列表是可以用来存放数字或文字的盒子。程序里一旦有了数字或文字，就可以拿来做各种事情了，比如把数字加起来，或是把文字连接起来。

　　本次探险，我们要学习能够对变量和数值做组合、修改、加法、乘法、除法和变换运算的 Scratch 积木块。欢迎来到运算符积木块的神奇世界！

7.1　对运算符说 "Hello"

　　"运算符" 分类里有 17 个积木块。这些积木块有一个共同的特点：每个积木块都需要至少一个值，它们用这些值来产生新的值。在编程中，用一些数值来产生新的数值，这个过程就叫作 "做运算"。用来做运算的积木块就叫作 "运算符"。

　　　　运算就是用值来产生结果的特定任务。

　　图 7-1 列出了所有的运算符积木块。

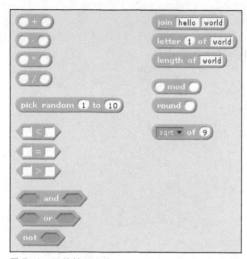

图 7-1　运算符积木块

运算符是强大的积木块。理解和掌握这些运算符是在作品中实现各种有用而且重要功能的关键。运算符能做的事情包括：

- 记录成绩
- 组合字句来形成角色说的话
- 让角色以真实的方式移动
- 做数学题
- 检查问答程序的回答
- 在财务程序中计算台账的余额
- 在游戏中随机产生障碍物的位置、怪兽的移动

在之前的章节中已经用过一些 Scratch 的运算符了。继续读下去就会学到所有的运算符和它们的用法。

7.2　做数学

数学在编程中占很大的分量。虽然不是只有数学天才才能写程序，但是理解这些数学运算符积木块的使用确实可以让你看上去像是一位数学天才！这一节要学习每一个数学运算符的使用，会给出一些提示、技巧和例子，这些都是马上可以用在自己作品中的。

7.2.1　加法

如图 7-2 所示的加法积木块把两个数值（或是存放了数字的变量）加起来。

图 7-2　加法运算符

为了试试这个加法积木块和其他的数学积木块，我们要召唤小狗 Puppy 的帮助，按照下面的步骤做：

1. 单击顶部菜单条的"文件↪新建项目"来创建一个新的项目。

2. 单击"新建角色"菜单的"从角色库中选取角色"图标，打开角色库。

3. 找到叫作"Dog Puppy"的角色，把它加到项目里。

4. 右键单击 Scratch 小猫，选择"删除"，把它从项目中删除。

5. 从"事件"分类拖曳一个"当绿旗被单击"积木块到脚本区。

6. 从"控制"分类拖曳一个"重复执行"积木块，贴到"当绿旗被单击"积木块的下面。

7. 在"数据"分类创建两个新变量。第一个叫"数字"，第二个叫"数字 2"，"数据"分类应该像图 7-3 那样。

8. 右键单击舞台上的"数字"。

这时会出现如何显示这个变量的几个选项，如图 7-4 所示。

图 7-3　创建两个变量

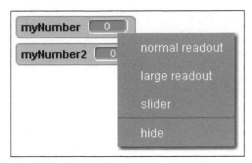

图 7-4　变量显示的选项

9. 从变量显示菜单中选择"滑杆"。

舞台上所显示的变量就会变成一个滑动条，如图 7-5 所示。

图 7-5　变量的滑动条显示

10. 右键单击舞台上的"数字 2"，也改成"滑杆"。

11. 从"外观"分类拖曳一个"思考 () 秒"积木块到脚本区，放在"重复执行"积木块的里面。

12. 从"运算符"分类拖曳一个"()+()"积木块，放在"思考 () 秒"积木块的里面。

13. 从"数据"分类拖曳"数字"变量，放在"()+()"积木块的第一个空位里。

14. 从"数据"分类拖曳"数字 2"变量，放在"()+()"积木块的第二个空位里。

这样，脚本就应该像图 7-6 那样。

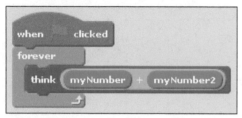

图 7-6　完成了的脚本

15. 在舞台上方的空白处把项目的标题修改为"做加法的小狗"，然后在顶部的菜单条选择"文件 ⇨ 保存"。

单击绿旗然后拖动舞台上的变量的滑动条，小狗马上就会做出算术来，就像图 7-7 那样。

图 7-7　聪明的做加法的小狗

7.2.2　减法

减法就是加法的反向。图 7-8 是 Scratch 里的"()-()"积木块的样子。

图 7-8　减法运算符积木块

按照下面的步骤来做减法小狗项目：

1. 复制一份现在的项目。使用离线编辑器的，可以从顶端菜单条选择"文件⇨另存为"；使用在线编辑器的，可以先用"文件⇨下载到您的计算机"，然后在本地改名后，再用"文件⇨从您的计算机中上传"。

2. 把复制出来的新项目改名为"做减法的小狗"。

3. 从脚本区的"思考()秒"积木块中拖出"(数字)+(数字2)"积木块，如图7-9 所示。

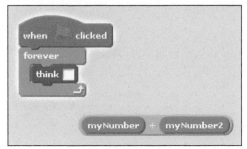

图 7-9　从"思考()秒"拖出"()+()"积木块

4. 从"运算符"分类拖曳一个"()-()"积木块，放进"思考()秒"积木块里。

5. 从脚本区里之前的那个"()+()"积木块里拖出"数字"块，放进"()-()"积木块的第一个空位里。

6. 从脚本区里之前的那个"()+()"积木块里拖出"数字2"块，放进"()-()"积木块的第二个空位里。

7. 右键单击那个空了的"()+()"积木块，选择"删除"。

这样，脚本就应该像图7-10 那样了。

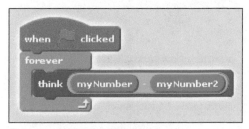

图 7-10　做减法的小狗的脚本

单击绿旗，然后拖动滑动条来测试这个做减法的小狗。

7.2.3　乘法

在 Scratch 中，和大多数其他编程语言一样，乘法的符号是"*"。Scratch 的"()*()"积木块如图7-11 所示。

图 7-11　乘法运算符积木块

下面是创建做乘法的小狗程序的步骤：

1. 复制一个新项目。
2. 把项目的标题修改为"做乘法的小狗"。
3. 把脚本区里的"()-()"积木块替换为"()*()"积木块。
完成了的脚本应该像图 7-12 一样。

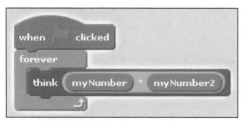

图 7-12　完成了的做乘法的小狗程序

7.2.4　除法

如果你还没有意识到小狗做加法、减法和乘法有多快，接下来狗的智商的演示，一定会征服你。

如图 7-13 所示是 Scratch 的除法运算符。

图 7-13　除法运算符积木块

为了测试这个除法运算符，用下面的步骤创建做除法的小狗程序：

1. 复制做乘法的小狗程序。
2. 把程序的标题修改为做除法的小狗，然后保存。
3. 把脚本区里的"()*()"积木块替换成"()/()"积木块。完成后，脚本区应该像图 7-14 一样。

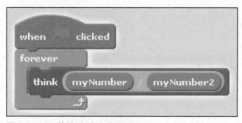

图 7-14　做除法的小狗程序

4. 单击绿旗，拖动滑动条到最左边，把两个数字变量都设成 0。

小狗会思考出结果为"NaN"，这表示"不是数字"。在数学中，我们说 0 除以 0 的结果是"未定义的值"，因为这个计算的答案是不存在的。Scratch 直接就说这不是一个数字，这当然也是对的。

5. 把第一个变量设为一个大于 0 的数，但是第二个值还是 0。

小狗会思考说"Infinity（无穷大）"，如图 7-15 所示。

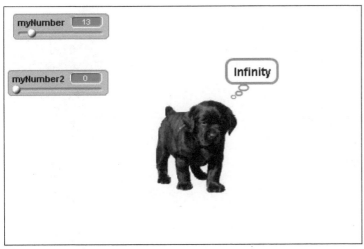

图 7-15 做除法的小狗，沉思说"Infinity"

任何数除以零，结果总是无穷大。比如，如果你有一个切成 12 片的比萨，但是没有人来吃，那么每个人可以吃多少片？每个人又要花多少时间来吃呢？如果你有 20 块积木，打算分组，每组 0 块，可以分多少组呢？没办法回答这样的问题，无论你说一个怎样的具体的数字来表达吃的时间或是可以分的组数，总可以找到更大的数字来。所以，Scratch 和做除法的小狗就说"无穷大"。

6. 把"数字"的滑动条拖到最左边，设为 0，然后把"数字 2"的滑动条拖成某个大于 0 的数。结果是 0，你知道为什么吗？

如果你并没有比萨，那么无论给多少人分一片比萨都可以，因为他们也拿不到比萨。

7.3 逻辑运算

每一个布尔运算符会用一个或多个值来决定某件事情是 true(真) 还是 false(假)。布尔运算又叫作布尔逻辑。在第 3 章我们已经见过布尔积木块了，就是在认识他们的好朋友的时候的那些条件积木块。先快速复习一下，"运算符"分类里有以下 6 个布尔积木块：

- ( ) > ( )：大于积木块在第一个值大于第二个的时候产生 true 的结果。
- ( ) < ( )：小于积木块在第一个值小于第二个的时候产生 true 的结果。
- ( ) = ( )：等于积木块在等号两边的两个值（可以是数字，也可以是文字）相等的时候产生 true 的结果。

- () 与 ()：与积木块在 and 两边的值都是真的时候产生 true 的结果。
- () 或 ()：或积木块在 or 两边有任一个值是真的时候产生 true 的结果。
- () 不成立：不成立积木块在里面的值是假的时候产生 true 的结果。

在第 3 章，我们已经学到过布尔积木块是用在控制积木块中的，它们用来决定该执行哪条路径的程序，或者决定要不要继续循环。

在这里，我们直接用 true 和 false 来试验布尔运算符积木块。

按照下面的步骤做，观察不同的运算会产生怎样的值（true 或 false）。

1. 从"运算符"分类拖曳一个"()>()"积木块到脚本区。
2. 在"()>()"积木块的左边输入一个"3"，在右边输入"2"。
3. 双击脚本区的"(3)>(2)"积木块。

在积木块旁边会出现一个气泡，告诉你结果是 true，就是说 3 是大于 2 的，如图 7-16 所示。

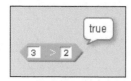

图 7-16　得出数字 3 是否大于数字 2

4. 右键单击脚本区里的"()>()"。

除了普通的右键菜单选项，还可以看到额外的 3 个：<、= 和 >，如图 7-17 所示。

图 7-17　额外的右键菜单选项

5. 从右键菜单中选择小于 < 符号。

就像变魔术一样，"()>()"积木块变成了"()<()"积木块，而里面的数值还在！

6. 双击"()<()"积木块。

出现一个气泡说"false"，表明 3 不是小于 2 的。

单独使用"()<()""()=()"和"()>()"积木块是很简单的，不过还可以把它们组合起来做更复杂的逻辑。按照下面的步骤做，看看 Scratch 能用逻辑来做什么！

1. 从"运算符"分类拖一个"() 与 ()"积木块到脚本区。
2. 把之前的"(3)<(2)"积木块放进"() 与 ()"积木块的第一个空位里。
3. 从"运算符"分类拖曳一个"()>()"积木块到脚本区，放进"() 与 ()"积木块的右边的空位里。

4. 把"()>()"积木块里的数值改成 99 和 1。

5. 双击"() 与 ()"积木块。

6. 结果是"false",如图 7-18 所示,因为"() 与 ()"积木块的两个值里只有一个是 true。

7. 从"运算符"分类里拖曳一个"() 或 ()"积木块到脚本区。把那个"(3)>(2)"积木块从"() 与 ()"积木块的左边拖出来,放进"() 或 ()"积木块的左边。

图 7-18　只有一个值是 true,那么"() 与 ()"就是 false

8. 把那个"(99)>(1)"积木块从"() 与 ()"积木块的右边拖出来,放进"() 或 ()"积木块的右边。

9. 双击"() 或 ()"积木块。

这个积木块的结果是 true,因为有一边的结果是 true,如图 7-19 所示。

图 7-19　只要有一个值是 true,"() 或 ()"积木块的值就是 true

挑战

你能否在脚本区做一个"() 或 ()"积木块出来,当 Scratch 的鼠标的 x 位置大于 25 或 y 位置小于 0 的时候为 true?

7.4　操作文字

Scratch 里的文字运算符可以处理用户输入的文字、变量里的文字以及程序中的文字,可以计算文字中的字符数、找到文字中的字母,还可以把一段段文字组合起来。

7.4.1　用"连接 ()()"组合文字

"连接 ()()"积木块把单词甚至整个句子组合起来,形成可以存放在变量或直接被脚本使用的新值。"连接 ()()"积木块最常见的用处是把两个变量的值合并成一个让角色说出来。按照下面的步骤,就可以让 Scratch 小猫用"连接 ()()"积木块来数土豆：

1. 单击顶端菜单条的"文件⇨新建项目"来创建一个新项目。

2. 在"数据"分类，创建一个新的叫作"potatoes"的变量。

3. 从"事件"分类拖曳一个"当绿旗被单击"积木块到脚本区。

4. 从"数据"分类拖曳那个"将 () 设定为 ()"积木块，贴在"当绿旗被单击"的下面。

5. 把"将 () 设定为 ()"积木块里的下拉菜单设置为"potatoes"，积木块里的第二个空位保持为 0。

6. 从"控制"分类拖曳一个"重复执行 () 次"积木块，贴到"将 (potatoes) 设定为 (0)"积木块的下面。

7. 将"重复执行 () 次"积木块里的值改为 4。

8. 从"数据"积木块拖曳一个"将 () 增加 ()"积木块，放到"重复执行 () 次"积木块的里面。它的下拉菜单应该设置为"potatoes"，第二个设置为 1。

9. 从"外观"分类拖曳一个"说 ()() 秒"积木块，贴到"重复执行 (4) 次"里面的"将 (potatoes) 增加 (1)"积木块的下面。

10. 从"运算符"分类拖曳一个"连接 ()()"积木块，放进"说 ()() 秒"积木块的第一个空位。

11. 从"数据"分类拖曳那个"potatoes"变量，放进"连接 ()()"积木块的第一个空位里。

12. 在"连接 ()()"积木块的第二个空位那里输入"个土豆"。

13. 单击绿旗来启动计数。

舞台上的结果应该像图 7-20 那样。

这样就差不多了。你有没有发现 Scratch 小猫说话的时候在数字和"个土豆"之间是没有留空格的？因为用"连接 ()()"来拼东西的时候，Scratch 是不会在两个内容之间加空格的。

要解决这个问题，可以在"连接 ()()"积木块的第二个空位的那个文字内容之前单击一下，加上一个空格。

图 7-20　连接变量和文字

现在，再次单击绿旗，这看起来就好多了，如图 7-21 所示。

图 7-21　别忘了用空格

7.4.2　找到字符

"第 () 个字符：()"积木块告诉你一个单词或是一段文字中某个特定位置上是哪个字符。用下面的步骤来使用这个积木块：

1. 从"运算符"分类拖曳一个"第 () 个字符：()"积木块到脚本区。
2. 在这个积木块的第一个空位输入数字"1"，在第二个空位输入你自己的名字。
3. 双击这个积木块。

这样就会看到一个气泡，里面是你名字的第一个字母，如图 7-22 所示。

图 7-22　找出你的名字的第一个字符

把"第 () 个字符：()"积木块和"() 的长度"积木块组合起来，可以实现一些相当酷的技巧。试试看！

7.4.3　获得文字长度

"() 的长度"积木块告诉你一段文字里有多少个字符（包括空格和标点符号）。

如果想要知道某人名字的最后一个字符是什么，可以把"第 () 个字符：()"积木块和"() 的长度"积木块组合起来，试试看：

1. 把一个"第 () 个字符：()"积木块拖进脚本区。
2. 拖曳一个"() 的长度"进脚本区，放进"第 () 个字符：()"积木块的第一个空位。
3. 在"() 的长度"和"第 () 个字符：()"积木块里都输入自己的名字，如图 7-23 所示。

图 7-23　获得名字最后一个字母的积木块

4. 双击这个积木块来看看你在两个地方所输入的文字的最后一个字母是什么。

当 Scratch 运行这个组合起来的积木块的时候，它首先判断"() 的长度"的结果，然后用这个数字来得到那个位置上的字符。在这个例子中，"() 的长度"积木块的结果是 5，而最终的结果是字母"S"，因为 S 是"Chris"中的第 5 个字母。

挑战

你能用变量和"询问 () 并等待"积木块来让 Scratch 小猫询问你的名字，然后说出名字最后的字母吗？

7.5　理解其他运算符

Scratch 不仅仅能作基础的算术和逻辑运算。在"运算符"分类的最后 3 个积木块做的数学运算虽然不是基本的算术运算，但是在 Scratch 程序中还是很常用的。

7.5.1　() 除以 () 的余数

"() 除以 () 的余数"用第二个数来除第一个数，然后给出余数。如果做了一个"(7) 除以 (3) 的余数"积木块，那么结果就是 1，因为 7 可以被 3 除得到 2，剩下 1。

如图 7-24 所示是"() 除以 () 的余数"积木块的运算。

图 7-24　使用"() 除以 () 的余数"积木块

7.5.2　将 () 四舍五入

"将 () 四舍五入"积木块把一个数四舍五入成最接近的整数。如图 7-25 所示的这个积木块会产生 8，因为与 7 相比，7.51 更接近 8。

图 7-25　Scratch 的四舍五入

7.5.3　() 的 ()

最后这个数学运算符积木块其实是 14 个积木块合在一起的！这个积木块里的下拉菜单有 14 个选项，如图 7-26 所示。

图 7-26　这个 "() 的 ()" 积木块有很多功能

详细解释每一个功能和适用场合远远超过本书的范畴。如果你对这些计算有兴趣，可以在 Scratch Wiki 的网站找到资料。其中有些运算符涉及较高级的数学知识，可以帮助程序在舞台上实现更真实的运动、画出更真实的曲线和线条，或是解决复杂的问题。

7.6 做一个数学练习游戏

本节我们要创建一个数学练习游戏，它能用不同的数学问题提问，还能记下你回答 10 个问题的成绩！

写这个程序首先要做的是让一个角色来问你要做哪种类型的数学题目。我们先实现加法和乘法，以后你可以自己扩充这个程序，让它能做各种你想要的数学题目！

1. 从顶端的菜单条选择"文件 ⟳ 新建项目"来创建一个新项目。
2. 从"事件"分类拖曳一个"当绿旗被单击"积木块到脚本区。
3. 在"数据"分类创建一个新的变量，叫作"Score"。
4. 从"数据"分类拖曳一个"将 () 设定为 ()"积木块，贴到"当绿旗被单击"积木块的下面。
5. 把"将 () 设定为 ()"积木块里的第一个值设置为"Score"，而第二个值为 0。
6. 从"外观"分类拖曳一个"说 ()() 秒"积木块到脚本区，贴到"当绿旗被单击"积木块那里。
7. 再从"外观"分类拖曳一个"说 ()() 秒"积木块到脚本区，贴到前一个积木块的下面。
8. 从"侦测"分类拖曳一个"询问 () 并等待"积木块，贴到整个脚本的下面。
9. 把第一个"说 ()() 秒"积木块的文字值改为"Hello！"
10. 把第二个"说 ()() 秒"积木块的文字值改为"我们来做数学题吧！"
11. 把"询问 () 并等待"积木块里的问题修改为"你想练习加法还是乘法（输入 + 或 x）？"
12. 这样，脚本应该看上去像图 7-27 那样。

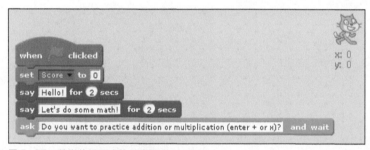

图 7-27　数学练习程序的开头部分

7.6.1　实现不同的执行路径

接下来，要实现 3 个不同的路径，根据用户对第一个问题的回答，程序要执行其中之一。

- 如果用户输入了"+"，程序就让用户来做加法测试。
- 如果用户输入了"x"，程序就让用户来做乘法测试。
- 如果用户输入的既不是"+"也不是"x"，Scratch 小猫就会说它不懂。

按照下面的步骤来写出这样 3 个分支：

1. 从"控制"分类拖曳一个"如果 () 那么 () 否则"积木块放进脚本区，贴在"询问 () 并等待"积木块的下面。
2. 从"运算符"分类拖曳一个"()=()"积木块，放在"如果 () 那么 () 否则"积木块里的六边形的空位里。
3. 从"侦测"分类里拖曳"回答"积木块，放进"()=()"积木块的左边的空位里。
4. 在"()=()"积木块的右边输入"+"号。

5. 再拖曳一个"如果()那么()否则"积木块放进第一个"如果()那么()否则"积木块的否则部分，如图 7-28 所示。

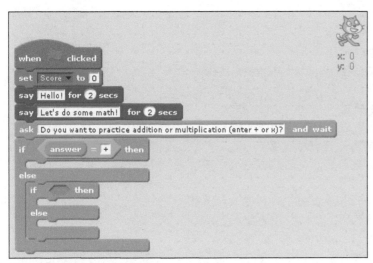

图 7-28　创建一个嵌套的条件

6. 拖曳一个"()=()"积木块到这个新的"如果()那么()否则"积木块里。

7. 再拖曳一个"回答"积木块到这个"()=()"积木块的左边的空位里。

8. 在它右边的空位里输入小写的"x"。

9. 从"外观"分类拖曳一个"说()()秒"积木块，放在里面的"如果()那么()否则"积木块的否则部分里。

10. 把"说()()秒"积木块里的值改为"我不懂你的意思。"

11. 这样，脚本就应该像 7-29 那样了。

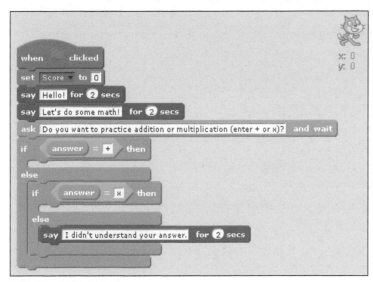

图 7-29　条件都做好了

这样，我们就做好了程序的 3 个主要分支了！接下来要来做加法测试。

7.6.2　做加法测试

按照下面的步骤来做一个记分的加法测试。

1. 从"控制"分类拖曳一个"重复执行 () 次"积木块，放在第一个"如果 () 那么 () 否则"积木块里面。

2. 在"数据"分类创建两个新的变量："数字 1"和"数字 2"。

3. 从"数据"分类拖曳一个"将 () 设定为 ()"积木块，放在"重复执行 () 次"里面。

4. 把"将 () 设定为 ()"积木块的第一个值改为"数字 1"。

5. 从"运算符"分类拖曳一个"在 () 到 () 间随机选一个数"积木块，放在"将 () 设定为 ()"积木块的第二个空位。

6. 把"在 () 到 () 间随机选一个数"积木块里的第二个值改为 100。

7. 复制刚创建的这个"将 () 设定为 ()"积木块，贴在第一个的下面。

8. 把新的这个"将 () 设定为 ()"积木块的第一个值改为"数字 2"。

9. 拖曳一个"询问 () 并等待"积木块放进脚本区，贴在"将（数字 2）设定为（在 (0) 到 (100) 间随机选一个数))"积木块的下面。

10. 拖曳一个"连接 ()()"积木块放进"询问 () 并等待"积木块的空位里。

11. 再拖曳一个"连接 ()()"积木块到第一个"连接 ()()"积木块的第二个空位里。

12. 再拖曳第三个"连接 ()()"积木块到第二个"连接 ()()"积木块的第二个空位里。

13. 按照图 7-30 来设置"询问 () 并等待"积木块里的其他内容。

图 7-30　完成了的加法问题

14. 拖曳一个"如果 () 那么 () 否则"积木块放进脚本区，贴在"询问 () 并等待"积木块的下面。

15. 拖曳一个"()=()"积木块放进这个"如果 () 那么 () 否则"积木块的空位里。

16. 拖曳一个"回答"积木块到这个"()=()"积木块的第一个空位。

17. 拖曳一个"()+()"积木块到这个"()=()"积木块的第二个空位。

18. 把"数字 1"变量拖进这个"()+()"积木块的第一个空位，然后把"数字 2"变量拖进第二个空位。

19. 拖曳一个"说 ()() 秒"积木块放进"如果 () 那么 () 否则"积木块的那么部分。

20. 把这个"说 ()() 秒"积木块的值改为"正确！"

21. 从"数据"分类拖曳一个"将 () 增加 ()"积木块，贴到"说 ()() 秒"积木块的下面。

22. 把"将 () 增加 ()"积木块的第一个值设置为"Score"，第二个值为 1。

23. 把一个"说 ()() 秒"积木块拖进脚本区，贴在那个"如果 () 那么 () 否则"积木块的否则部分。

24. 修改"说 ()() 秒"积木块里的文字内容为"不，这不正确。"

你能做出这样的效果吗？在"重复执行 10 次"之后，显示一条消息告诉用户总共做对了几题。

图 7-31 所示就是最后完成了的加法测验，包括了上面的挑战问题的答案。

```
if   answer = + then
  repeat 10
    set Number1 ▼ to pick random 1 to 100
    set Number2 ▼ to pick random 1 to 100
    ask join What is join Number1 join + Number2 and wait
    if   answer = Number1 + Number2 then
      say Correct! for 2 secs
      change Score ▼ by 1
    else
      say No, that's not correct. for 2 secs

  say join You got join Score join out of join 10 Coorect! for 2 secs
```

图 7-31　完成了的加法测验

要学习如何给游戏加上记录成绩的功能，可以在 www.wiley.com/go/adventuresincoding 观看第 7 章的视频。

视频资料

7.6.3　做乘法游戏

乘法测验和加法测验是非常相似的，唯一的不同之处是显示的消息文字，以及所计算的结果。把两个乘数限制在 0 ~ 12，这样思考答案的时候能容易一些。

你能自己做好这部分程序吗？下面是一些基本的步骤：

1. 暂时把"重复执行()次"积木块拖出来,然后复制一份,把复制出来的那份,放到"如果((回答)=(x))那么 () 否则"积木块的否则部分。

2. 把原来的那个"重复执行 () 次"放回原来的地方。

3. 修改新的"重复执行 () 次"的内容,以及跟在它后面给出成绩的"说 ()() 秒"积木块,做到图 7-32那样。

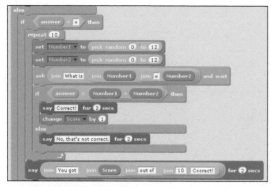

图 7-32　完成了的乘法测验

做好后,整个程序就应该像图 7-33 那样。

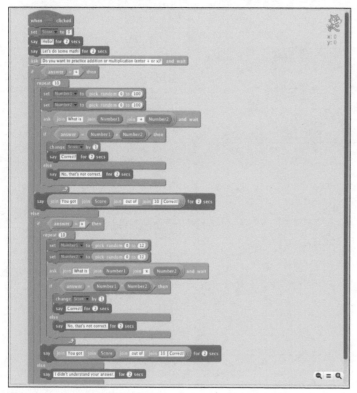

图 7-33　完成了的数学测验程序

7.7　进一步探索

要学习如何使用运算符，给角色的跳跃加上重力和加速度，让游戏更真实，请访问视频网站来观看相关的视频。

解锁成就：做运算

下一次探险

下一次探险中，我们将学习如何用 Scratch 来做出令人惊叹的艺术品。我们将了解使用绘图编辑器的各种方法，学习如何做出交互艺术作品来！

Scratch 并不只是变量、循环和运算符，它还是很棒的创作原创交互艺术和动画的工具。这一章，我们要探索如何使用 Scratch 来创建、修改自己的艺术作品，并形成动画。

8.1　用绘图编辑器作画

Scratch 的角色和背景可以自己绘制，也可以导入计算机里的图片文件，甚至还可以用计算机上的摄像头来拍照！

创建自己的图片的工具叫作"绘图编辑器"。之前的章节中用过这个绘图编辑器了，现在我们要学习一些更高级的用法。很快你就能像专家一样画图了！

绘图编辑器一个常见的用处，就是创建多个背景，它们可以连接起来做成幻灯片。用幻灯片来展示你的艺术作品，或是教别人新技巧都是极好的。下面的步骤是用来做一个幻灯片，教人们如何做花生酱果酱三明治的：

1.　单击顶端菜单条的"文件⇨新建项目"，创建一个新的项目。
2.　修改舞台上的"title"，给这个项目起个名字，比如"如何做花生酱果酱三明治"。
3.　单击"绘制新背景"图标。

这样就打开了绘图编辑器，同时叫作"背景 2"的新背景被高亮，如图 8-1 所示。这个背景就是幻灯片的封面。

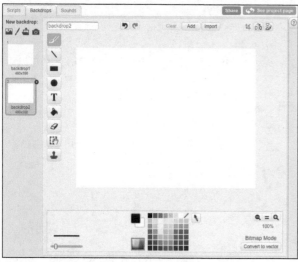

图 8-1 创建一个新背景

4. 选择"文本"工具，就是那个看起来像大写字母"T"的图标，然后在绘图编辑器的绘图区里靠近左上角的地方单击一下。

5. 出现光标后，输入"如何做花生酱果酱三明治"。文本比较长，一行放不下，所以在"花生酱"之前按回车键换一行。

这样，这个封面背景就应该像图 8-2 那样了。

6. 如果你的标题周围还有一条线，这表示它现在是被选中的。在绘图编辑器的其他任何地方单击一下，就取消了它的选中。

在文本的框线外单击了之后，这个标题就出现在了舞台上，如图 8-3 所示。

图 8-2 在绘图编辑器里的封面背景

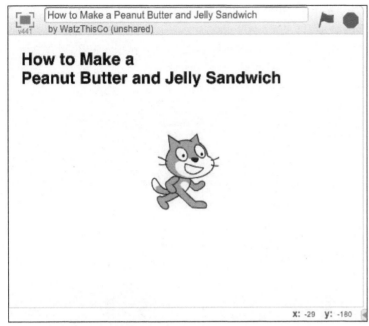

图 8-3　在舞台上的封面背景

7. 在绘图编辑器的工具条上单击那个有虚线和手的图标，它是"选择"工具。

8. 用"选择"工具在绘图编辑器里画一个矩形，把所有的文字都包进去。

这个矩形一画好，就变成蓝色，然后在矩形的四角和四边上出现了叫作"把手"的小方块，就像图8-4那样。

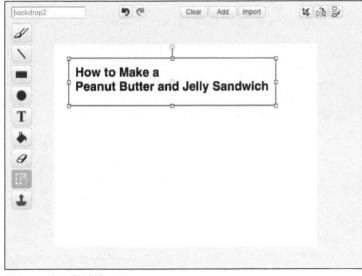

图 8-4　使用"选择"工具

9. 单击拖曳所选中区域四边和四角的把手，就可以把它变大，如图 8-5 所示。

发现变大的时候文字的边缘会变得不那么平滑了吗？为了理解发生了什么，知道怎样才能解决这个问题，我们需要了解绘图编辑器的两种不同用法，就是矢量模式和位图模式。每次画图应该用哪个模式取决于要实现的艺术类型。

图 8-5　用把手来扩展标题

8.1.1　使用位图和矢量图

打开绘图编辑器来创建新图像的时候，它是在位图模式的。根据工具条出现在绘图区的左边，就可以得知当前在位图模式。

8.1.1.1　理解位图工具

位图工具可以画任何想画的东西，可以用叫作像素点的微小方块来画出各种形状、文字、线条和颜色。

像素点是构成屏幕上图像的微小的点。

对于编辑照片或是非常复杂的绘画，位图工具是很好的，可以对图像或照片中每个像素点做精确的编辑。

不过，位图图像是由一系列像素点构成，所以当放大的时候，就会不正常，也就是发生了像素化，就像图 8-6 那样。

图 8-6　位图图像在放大的时候被像素化了

　　像素化是指图像被放大到一定程度之后，就可以看到构成图像的一个个像素点了。

位图图像的另一个缺点是不能分层。所以，一旦用位图工具创建了文字或形状之后，就不能再轻易地放大、缩小或修改了。

如果要绘制的是文字或形状，更容易用的是绘制编辑器的另一个工具：矢量绘图工具。

8.1.1.2　用矢量工具绘图

矢量绘图工具用线条而不是像素点来绘图。矢量图形用于图解、文字和形状是很好的。

在绘制编辑器里使用矢量绘图工具的时候，可以方便地改变大小，在图层之间移动东西。下面的步骤是用矢量绘图工具来创建新的幻灯片封面。

1. 单击"绘制新背景"图标来创建一幅新的背景。

2. 在绘图编辑器的右下角，单击写着"转换成矢量编辑模式"的按钮。

注意，这时候，绘图编辑器左边的工具条就消失了，而新的工具条出现在了右边。

3. 找到矢量的"文本"工具，就是那个看上去像大写字母"T"的图标，单击它。

4. 把光标移动到绘图区里想要放文字的地方，并单击一下鼠标左键。

5. 输入"How to Make a Peanut Butter and Jelly Sandwich"。按下 return 或 enter 键可以实现多行文字的效果。

如果你觉得需要，可以用绘图编辑器下方"字体"下面的下拉菜单换字体，也可以用调色板来换颜色。做完后，标题应该像图 8-7 一样。

图 8-7 用矢量文字做的幻灯片封面

有没有发现绘图编辑器里的矢量文字带有阴影。这正好可以表明这个文字是用矢量文字工具还是位图文字工具画的。

6. 单击矢量绘图工具里的"选择"工具。
就是在最上面，看上去像箭头的工具。

7. 用这个"选择"工具在绘图区里的文字上单击一下。
文字周围就会出现把手。

8. 用文字周围的把手来放大文字到整个绘图区，如图 8-8 所示。

图 8-8 改变矢量文字的大小

你会发现矢量文字无论放大或拉伸到什么程度，都是很平滑的。这是因为它是用形状和线条而不是像素点做出来的，所以可以变成任何的尺寸。

8.1.2　做幻灯片

这个幻灯片作品的下一步，是要做一些幻灯片来告诉大家如何做这个美味的三明治，下面是相关的步骤：

1. 清理背景，把空白的和被像素化的标题文字的背景删了。把最后做的那个幻灯片封面改个名字叫"封面"。
2. 单击"绘制新背景"图标，做一个空白的背景出来，命名为"面包"。
3. 单击"转换成矢量编辑模式"，在矢量模式下工作。
4. 单击"矩形"工具，然后从调色板选择一个适合面包的颜色。
5. 在背景上画两个正方形，如图 8-9 所示。

如果在画矩形的时候按住 Shift 键，就可以画出正方形了！

这就是三明治的那两片面包了。

6. 单击工具条里的"为形状填色"，选择浅棕色，在每片面包里面单击一下，填充面包片内部，如图 8-10 所示。
7. 用文字工具在面包片的上方写下"Start with two pieces of bread"。

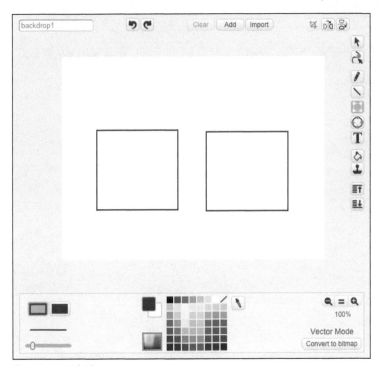

图 8-9　画面包片

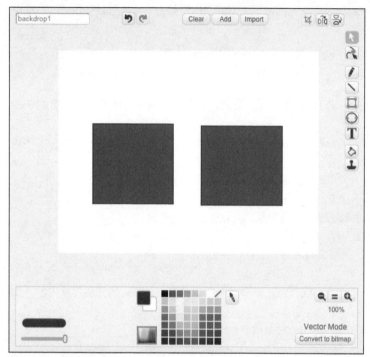

图 8-10　填充面包片

8. 在刚才创建的背景的小图标上单击右键，选择"复制"，如图 8-11 所示。把复制出来的新背景命名为"花生酱"。

图 8-11　复制面包片的背景

9. 另外选择一种颜色来做花生酱。

10. 选择"铅笔"工具，然后滑动"线宽"滑动条到最大，如图 8-12 所示。

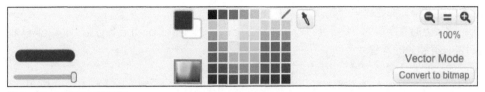

图 8-12 让笔尽可能地粗

11. 用"铅笔"工具在一片面包上涂花生酱，如图 8-13 所示。

12. 用"文字"工具把这个背景上的文字改为"Spread peanut butter on one slice of bread（在面包片上涂花生酱）"。

13. 复制这个花生酱背景，把新的背景命名为"果酱"。

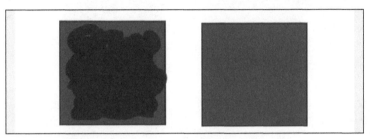

图 8-13 涂花生酱

14. 选择表示果酱的颜色，用"铅笔"工具在另一片面包上涂果酱。

15. 把这个背景上的文字修改为"Spread jelly on the other slice of bread（在另一片面包上涂果酱）"。

这时候的项目应该看上去像图 8-14 所示。

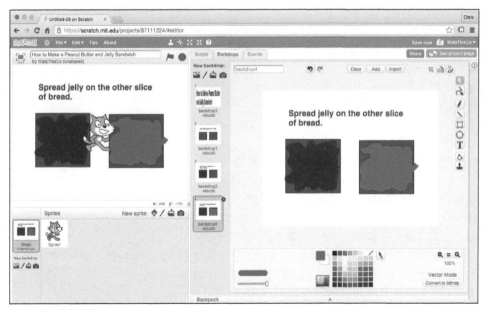

图 8-14 涂果酱的幻灯片

16.　复制这个果酱背景，命名为"合起来"。

17.　把这个新背景上的文字改为"Put the bread with peanut butter on the bread with jelly（把有花生酱的面包片盖在有果酱的面包片上面）"。

18.　然后复制最初的那个面包背景，命名为"完成"。

19.　用"选择"工具选中其中一片面包。

20.　把选中的那片面包删了。

21.　把三明治移到绘图编辑器的中间。

22.　把这个背景的文字改为"Enjoy your sandwich!（请品尝你的三明治！）"

这样就完成了这个项目的背景，你的项目应该看起来像图 8-15 那样。

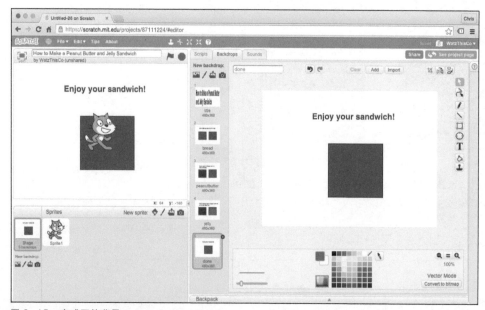

图 8-15　完成了的背景

接下来，我们要写脚本来让幻灯片动起来，下面是具体的步骤：

1.　单击角色区里的 Scratch 小猫。

这样屏幕右边就出现了"造型编辑器"，Scratch 小猫出现在中间。

2.　单击造型编辑顶端的"脚本"页。

3.　从"事件"分类拖曳一个"当绿旗被单击"积木块到脚本区。

4.　从"外观"分类拖曳一个"将背景切换为 ()"，贴到"当绿旗被单击"的下面。

5.　把"将背景切换为 ()"积木块里下拉菜单的内容修改为"封面"。

6.　从"事件"分类拖曳一个"当按下 () 键"积木块到脚本区。

7.　把这个"当按下 () 键"积木块里的下拉菜单设置为"空格键"。

8.　从"外观"分类拖曳一个"将背景切换为 ()"积木块，然后贴到"当按下 () 键"积木块的下面。

9.　把"将背景切换为 ()"积木块里的下拉菜单设置为"下一个背景"。

这样，脚本就应该看起来像图 8-16 那样。

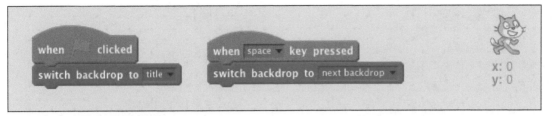

图 8-16　完成了的幻灯片脚本

10. 右键单击角色区里的 Scratch 小猫，然后选择"隐藏"，如图 8-17 所示。

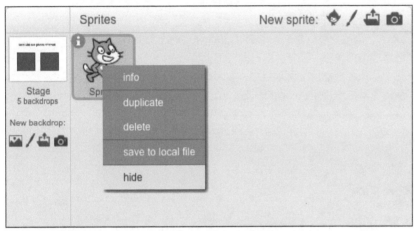

图 8-17　隐藏 Scratch 小猫

单击绿旗启动幻灯片，按下空格键就可以看到每一页了！

挑战

你能搞定给幻灯片加音乐吗？当按下绿旗的时候，就开始演奏音乐。

访问本书配套的网站 www.wiley.com/go/adventuresincoding，选择 Adventure 8，就可以观看伊娃是如何完成这个花生酱果酱三明治幻灯片的！

8.2　用画笔创作一架在天上写字的飞机

Scratch 的"画笔"类积木块可以用来写程序在舞台上画画。

我们在第 2 章的随机画画程序里已经见过如何用画笔画画了。现在，我们要用画笔来编写一个在天空中写字的飞机程序，随着你在舞台上移动鼠标光标，它就会用云朵在天空写字。

图 8-18 就是完成后的舞台的样子。下面的步骤可以做出这个天空写字程序来：

1. 从顶端的菜单条选择"文件➪新建项目"。
2. 给这个新项目起个名字，比如"超胆侠天空写字"。
3. 从角色区删除 Scratch 小猫，这样就可以选择定制的角色了。
4. 单击"从背景库中选择背景"，打开背景库。
5. 找到"Blue Sky（蓝天）"角色，然后单击，单击"OK"把它加到项目中。
6. 单击角色区的"从角色库中选择角色"图标，打开角色库。
7. 找到"Airplane（飞机）"角色，然后加到项目中。
8. 再次单击角色区的"从角色库中选择角色"图标，把"Cloud（云）"角色加到项目中。

图 8-18　用云作画

你的程序应该像图 8-19 那样。

这样舞台就准备好了，接下来首先要做的是让飞机在舞台随着鼠标光标飞舞。

1. 单击角色区的"Airplane"角色，打开它的脚本区。
2. 从"事件"分类拖曳一个"当绿旗被单击"积木块到脚本区。
3. 从"控制"分类拖曳一个"重复执行"积木块到脚本区，贴在"当绿旗被单击"积木块的下面。
4. 从"动作"分类拖曳一个"移到 ()"积木块，贴在"重复执行"积木块的里面。

5. 把"移到 ()"积木块里的下拉菜单设置为"鼠标指针"。

图 8-19　舞台和角色准备好了

这样，脚本应该像图 8-20 那样了。单击绿旗，在舞台上移动鼠标光标，就可以看到飞机是如何跟着鼠标光标了。

图 8-20　让飞机跟着鼠标光标的脚本

接下来，要给云加上脚本，让它跟着飞机，飞机到哪里，它就画到哪里！

1. 单击角色区里的"Cloud"角色，打开它的脚本区。
2. 用顶端的工具栏里的"缩小"工具，把云朵缩小到能放进飞机里面，如图 8-21 所示。
3. 从"事件"分类拖曳一个"当绿旗被单击"积木块到脚本区。
4. 从"外观"分类拖曳一个"下移 () 层"积木块，贴到"当绿旗被单击"积木块的下面。
这个积木块让云躲在了飞机的后面。
5. 从"画笔"分类拖曳一个"清空"积木块，贴在"下移 () 层"积木块的下面。
每次单击绿旗，"清空"积木块就会把之前画的所有东西都擦干净。

图 8-21　让云躲进飞机里

6. 从"控制"分类拖曳一个"重复执行"积木块到脚本区，贴在"下移()层"积木块的下面。

7. 从"动作"分类拖曳一个"移到()"积木块，贴在"重复执行"积木块的里面。

8. 把"移到()"积木块里的下拉菜单设置为"Airplane"，这样云就能跟着飞机跑了。

9. 从"控制"分类拖曳一个"如果()那么"积木块，放在"重复执行"里面，贴在"移到（Airplane）"下面。

10. 从"侦测"分类拖曳一个"下移鼠标"积木块，放进"如果()那么"积木块里的六边形空位里。

11. 从"画笔"分类拖曳一个"图章"积木块，贴在"如果（下移鼠标）那么"积木块里面。

这个"图章"积木块在角色当前的位置画一幅角色的图（在这里就是画一朵云）。

完成了的脚本像图8-22一样。

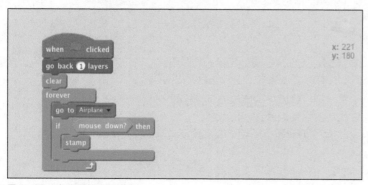

图 8-22　完成了的云朵脚本

现在，单击绿旗来试试吧！

挑战

你能用这架天空写字飞机写出自己的名字吗？能用它画出什么图片吗？

8.3 进一步探索

解锁成就：Scratch 艺术

ykoubo 做的 Bloom 是一个很好的入门项目，你可以复制、修改来创建自己的有趣的画作。这个项目在 MIT 网站上的 Scratch 课程里。在"Remixes"区还可以看看其他基于这个项目的程序，然后自己试试再创作！

关于位图和矢量图的更多的知识，可以访问 MIT 网站上的 Scratch 课程。

下一次探险

在下一次探险中，我们要学习如何做自己独有的积木块！

有了自己的积木块，就能用更少的劳动在 Scratch 里做出复杂的程序。另外，我们还要学习如何用"背包"在不同的程序之间共享脚本。

探险 9 制作自己的积木

到目前为止，我们用的都是 Scratch 自带的积木，当然，这些积木很厉害，不过，Scratch 也让你制作自己的积木，通过定制有自己个性需求的积木来满足自己的特殊需求。这一章，我们要用定制的积木和另一个叫作"背包"的简单小工具来做一场时装秀！

9.1 制作自己的积木

通常说来，程序总是可以用 Scratch 自带的积木来实现。不过，有时候，这样做出来的程序可能会很复杂，需要很多不同的积木彼此以非常精准的方式连接起来。

这种情况下，有一个很好的办法来让程序保持整洁有序，同时也会让编程更为容易，这就是创建自定义积木。

> 自定义积木是用一块积木代表一组积木或者一个脚本。在自己的程序中可以用自定义积木来表示一大片代码。

我们再来看一下第 4 章里做过的用方向键控制角色的脚本，如图 9-1 所示。

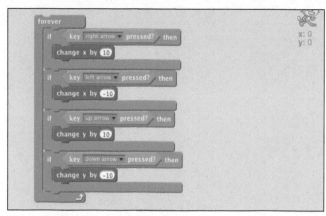

图 9-1　基础的方向键控制

这么多的积木就是为了能按下方向键来四处移动角色。如果能有一个像图 9-2 那样的积木会不会很棒呢？那样就可以用这一块积木来做图 9-1 里所有积木做的事情了。

图 9-2　一块方向键移动积木

是的，当然可以，你自己就可以制作！下面我们就来看看怎么制作自定义积木。

9.1.1　把程序分割成一些自定义积木

我们已经学过不同分类里的很多积木了。但还有一个非常特殊的分类，那就是可以创建无数自定义积木的分类，叫作"更多积木"。下面的步骤可以创建出自己的第一块自定义积木。

1.　从顶端的菜单条选择"文件↻新建项目"来启动一个新项目。

2.　单击"更多积木"分类。

你会看见在"更多积木"分类里的两个按钮，如图 9-3 所示。

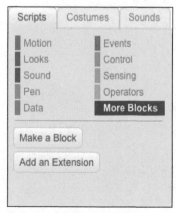

图 9-3　"更多积木"分类

3. 单击那里的"制作新的积木"。

会出现一个"新建积木"弹出窗口，如图 9-4 所示。

图 9-4 "新建积木"弹出窗口

4. 在"新建积木"弹出窗口的文本输入框里输入"画圆"，如图 9-5 所示。

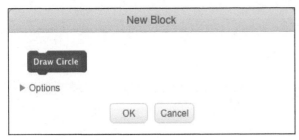

图 9-5 给新积木命名

5. 单击"OK"来创建新积木。

这样，一个新的叫作"画圆"的积木就出现在了"更多积木"分类里，同时在脚本区里出现了一块帽子积木，上面写着"定义画圆"，如图 9-6 所示。

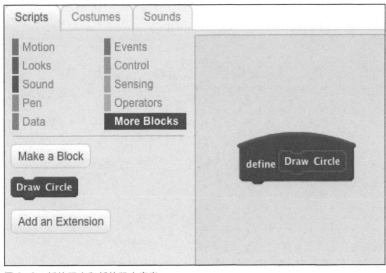

图 9-6 新的积木和新的积木定义

接下来，需要定义这个"画圆"积木要做什么。每次使用这个自定义积木的时候，在自定义积木的帽子下面的所有东西都会被执行。

下面的步骤定义"画圆"积木，让它真的画出一个圆来。

1. 从"画笔"分类拖曳一个"落笔"积木到脚本区，贴在"定义画圆"积木的下面。
2. 从"控制"分类拖曳一个"重复执行 () 次"积木，贴在"落笔"积木的下面。
3. 把"重复执行 ()"里的值改为 180。
4. 从"动作"分类拖曳一个"移动 () 步"积木，放进"重复执行 () 次"的里面。
5. 把"移动 () 步"里的值改为 1。
6. 从"动作"分类拖曳一个"向右旋转 () 度"积木，贴在"移动 (1) 步"的下面。
7. 把"向右旋转 () 度"积木里的值改为 2。这样，定义好的"画圆"积木脚本应该像图 9-7 那样。

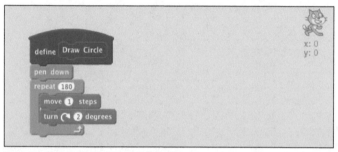

图 9-7　定义好的"画圆"自定义积木

8. 从"更多积木"分类拖曳一个"画圆"自定义积木到脚本区。
9. 双击脚本区里的"画圆"积木。

Scratch 小猫就会移动并画出一个圆来。

10. 用鼠标把 Scratch 小猫拖到舞台上别的地方去。
11. 双击脚本区里的"画圆"积木。

Scratch 小猫就会在新的地方又画出一个圆来。

是否好奇"画圆"积木是怎么实现画圆的呢？关键点是一个圆周上有 360°，在这段代码中，角色首先前进一步，然后转 2°。因为一圈有 360°，所以角色需要转 180 次（因为 180 乘以 2 就是 360）。

挑战

知道如何做出更大的圆吗？如果现在还不知道，下一节就知道了！

9.1.2　修改定制的积木

新的这个"画圆"积木挺厉害的。无论角色在舞台上的哪里，一运行这个"画圆"积木，就会让角色画出一个圆来。

但是它只能画一种大小、一种颜色的圆。如果能画不同大小的圆会不会更棒呢？可以的！只要修改这个自定义积木，就可以告诉它要画怎样的圆。下面就是相应的步骤：

1. 单击"更多积木"分类。

可以看到你的自定义积木：画圆。

2. 右键单击这个"画圆"积木，选择"编辑"，如图 9-8 所示。

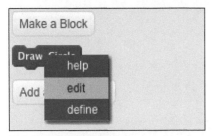

图 9-8　编辑自定义积木

这样就会弹出一个"修改积木"窗口，如图 9-9 所示。

图 9-9　修改积木弹出窗口

3. 单击修改积木弹出窗口里"选项"左边的箭头，就会看到各种自定义积木的选项，如图 9-10 所示。

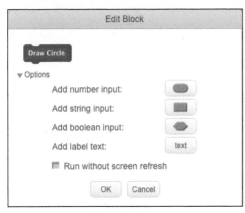

图 9-10　自定义积木的选项

4. 单击"添加一个数字参数"右边的椭圆形图标。

在这个弹出窗口的自定义积木的图像上就出现了一个椭圆，如图 9-11 所示。

5. 在那个椭圆里输入，把这个数字参数的名字改为"大小"。

6. 单击"OK"按钮保存这个积木。

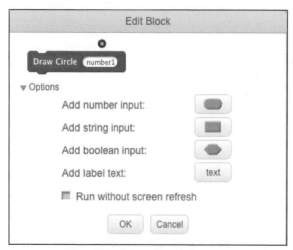

图 9-11　给"画圆"积木添加一个数字输入

看一下现在脚本区里的积木定义，积木的名字旁边有了一个新的叫作"大小"的框，如图 9-12 所示。

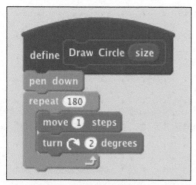

图 9-12　给"画圆"积木增加一个数字参数

然后从图 9-13 可以看到，现在在这个自定义积木里有了一个空位，可以输入数字了。

图 9-13　有数字参数的"画圆"积木

试试把脚本区中"画圆 ()"积木里的数改为一个更大的值，比如 4，然后双击看看。

看到什么变化了吗？没有？那就对了！什么也没变。

为了让这个"画圆 ()"里的数字起作用，需要在脚本里用上这个新的"大小"变量。

1. 单击"画圆 ()"积木定义里的"大小"椭圆，就是帽子积木里的那个。
2. 把这个"大小"椭圆拖进"移动 () 步"积木里，放在"移动"和"步"之间的空位里。
现在这个自定义积木的定义就应该像图 9-14 那样了。

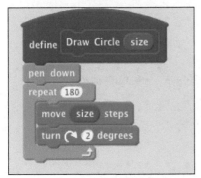

图 9-14　在自定义积木里使用数字参数

　　把一个数值从外面传送进一个自定义积木叫作"参数传递"。这可不是什么参考的数字，在编程中，参数是一个发送给（或者叫"传递进"）程序的数值，比如这里的这个"大小"。

3. 把"画圆 ()"积木里的数字改成 3，然后双击它。
Scratch 小猫就会在舞台上画出一个更大的圆来，就像图 9-15 那样。

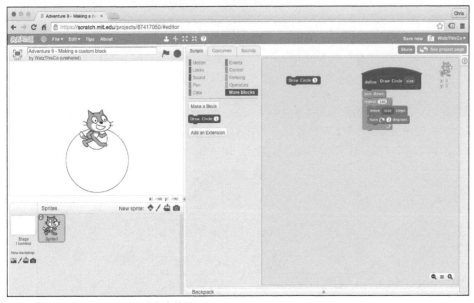

图 9-15　让 Scratch 小猫画出更大的圆

有了一个自定义积木之后，就可以在任何角色上使用这个自定义积木，只要把这个自定义积木的定义拖到那个角色上就可以了。下面的步骤可以做到：

1. 单击角色区的"从角色库中选取角色"图标，打开角色库。
2. 选择你喜欢的任何角色，单击"确认"，把它加到项目中。
3. 单击角色区里的 Scratch 小猫，这样看到的就是它的脚本区。
4. 单击脚本区里的"定义画圆 ()"帽子积木，拖曳到角色区的那个新角色上面。
5. 单击角色区里的那个新角色。

这时就会在脚本区看到这个定制的"画圆 ()"积木的拷贝，在"更多积木"分类也能看到这个"画圆 ()"积木，如图 9-16 所示。

6. 从"更多积木"分类拖曳一个"画圆 ()"积木到脚本区。
7. 双击"画圆 ()"积木。

你的新角色就会按照输入数字所指定的大小来画圆。

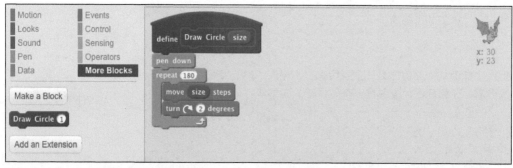

图 9-16　把一个自定义积木复制到新角色里

现在，我们已经知道了如何在一个程序的各个角色之间分享自定义积木了。那么，如果想要在不同的项目之间分享自定义积木（或是就是脚本）呢？

于是，Scratch 的背包就登场了。

9.2　用背包来借用积木

Scratch 的背包是可以保存在程序里创建的自定义积木和脚本的地方，保存下来就可以在其他程序里使用了。要使用 Scratch 的背包，首先需要在线登录自己的账号。如果还没有创建账号，请阅读第 1 章。

在线使用 Scratch 的时候，背包始终在屏幕的底部等你，如图 9-17 所示。

图 9-17　背包就在 Scratch 项目编辑器的最下面

单击背包条上的向上的箭头，背包区就会扩张，在 Scratch 项目编辑器里展开一块新的空白区域，如图 9-18 所示。

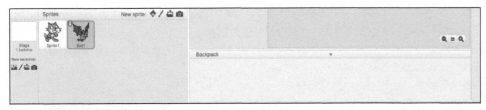

图 9-18 展开来的背包区

下面是使用背包来把"画圆 ()"自定义积木或其他自定义积木，带进新程序的步骤。

1. 如果还没有打开脚本区，单击项目编辑器顶端的"脚本"页。
2. 单击拖曳"画圆 ()"积木，把它从脚本区拖进背包。

"画圆 ()"积木的一个复制品就会出现在背包里，如图 9-19 所示。

图 9-19 复制一个自定义积木进背包

3. 从顶端菜单条选择"文件↪新建项目"来创建一个新程序。
4. 单击向上的箭头来展开背包区。

在背包里能看到这个自定义的"画圆 ()"积木。

5. 从背包里拖曳出自定义的"画圆 ()"积木到新程序的脚本区。
6. 打开"更多积木"分类。

能看到这个自定义的"画圆 ()"积木。

7. 拖曳一个"画圆 ()"积木到脚本区。
8. 双击脚本区里的"画圆 ()"积木，让角色画出一个圆。

背包和自定义积木是很好的工具，可以让我们用较少的代码来完成较多的功能 —— 这就是程序员要学习的最重要的技能之一！

要进一步学习通过背包借用自定义积木，可以访问本书配套网站 www.wiley.com/go/adventuresincoding，然后选择 Adventure 9。

9.3　布置一场时装秀

现在，该把自定义积木的一切知识组合起来布置一场 Scratch 时装秀了。在这个程序中，角色要用自定义积木朝向摄像机走步或是跳舞，一路展示它们各种各样的造型。

1. 从顶部的菜单条选择"文件↩新建项目"来启动一个新项目。
2. 给项目命名，在舞台上方的文本框里输入"时装秀"。
3. 在舞台的角色区单击"从背景库中选择背景"。
4. 背景库打开后，找到叫作"Clothing Sotre（正在打烊的商店）"的背景，选择加到项目中。
5. 单击 Scratch 小猫，如果需要的话，单击"脚本"页，打开它的脚本区。
6. 打开"更多积木"分类。
7. 单击"制作新的积木"。

出现"新建积木"窗口。

8. 把这个新积木命名为"走台步"，然后单击"确认"关闭新建积木窗口，建立起新积木。
9. 从"外观"分类拖曳一个"将角色的大小设定为 ()"积木到脚本区。
10. 把这个"将角色的大小设定为 ()"积木里的数值设为 20。
11. 把"更多积木"分类里的"走台步"拖曳到脚本区。
12. 双击脚本区里的"走台步"积木。

Scratch 小猫会缩小到正常尺寸的 20%。

13. 把舞台上的小猫拖到某个地方，让它看起来好像在房间的最后面，如图 9-20 所示。

图 9-20　把 Scratch 小猫放到舞台上的某处去

14. 从"动作"分类拖曳一个"移到x:()y:()"积木到脚本区，贴在"将角色的大小设定为()"积木的下面。因为刚才移动过 Scratch 小猫了，这个积木里的 x 和 y 值就是现在它所在的坐标。

15. 从"外观"分类拖曳一个"显示"积木到脚本区，贴在"移到x:()y:()"积木的下面。

16. 从"控制"分类拖曳一个"重复执行()次"积木，贴到"显示"积木的下面。

17. 把"重复执行()次"积木里的数值改成20。

18. 从"控制"分类拖曳一个"等待()秒"积木，放在"重复执行()次"积木的里面。

19. 把"等待()秒"积木里的数值改成0.1。

20. 从"外观"分类拖曳一个"将角色的大小增加()"积木，贴在"等待()秒"积木的下面。

21. 把这个"将角色的大小增加()"积木里的数值改成5。

22. 从"动作"分类里拖曳一个"将y坐标增加()"积木，贴在"将角色的大小增加()"积木的下面。

23. 修改这个"将y坐标增加()"积木里的数值为 –5。

24. 从"外观"分类拖曳一个"下一个造型"积木，贴在"将y坐标增加()"积木的下面。

25. 从"动作"分类拖曳一个"在()秒内滑行到x:()y:()"积木，贴在"重复执行()次"积木的下面。

26. 在这个"在()秒内滑行到x:()y:()"积木内依次输入2、273和 –71。

27. 从"外观"分类拖曳一个"隐藏"积木到脚本区，贴在"在()秒内滑行到x:()y:()"积木的下面。

28. 拖曳一个"等待()秒"积木到脚本区，贴在"隐藏"积木的下面。

这时候的脚本区应该像图 9-21 一样。

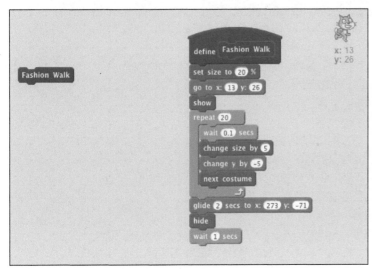

图 9-21　完成了的台步自定义积木

29. 双击舞台上的"台步"自定义积木，观看 Scratch 小猫向着镜头一步步走来，然后滑到右边！

这样就基本上差不多了！接下来要在舞台上再多放一些角色，还要把这个时装秀自定义积木给每个角色。

1. 单击角色区上方的工具栏里的"从角色库选择角色"。

2. 打开角色库后，找到名为"Dan"的角色，加到项目中。

3. 重复第1步和第2步，把名字为"Breakdancer1"的角色加到项目中。

4. 单击角色区的 Scratch 小猫，看到它的脚本区。

5. 单击定义"台步"帽子积木，把它拖到角色区的 Dan 角色上，然后松开鼠标。

6. 把定义"台步"帽子积木拖到角色区里的 Breakdancer1 角色。

7. 单击每一个角色，检查是否都有了这个"台步"自定义积木。

8. 单击角色区里的 Scratch 小猫。

9. 从"事件"分类拖曳一个"当绿旗被单击"积木，贴到"台步"自定义积木的上面，如图 9-22 所示。

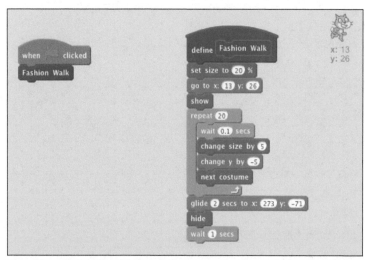

图 9-22　当绿旗被单击的时候启动时装秀

10. 从"事件"分类拖曳一个"广播 ()"积木，贴在"台步"那串积木的下面。

我们来使用广播事件通知其他角色开始走台步。

11. 单击"广播 ()"里的下拉菜单，选择"新消息"。

12. 把新消息设置为"Dan"。

13. 单击角色区里的 Dan 角色，打开它的脚本区。

14. 从"事件"分类拖曳一个"当绿旗被单击"积木进脚本区。

15. 从"外观"分类拖曳一个"隐藏"积木到脚本区，贴到"当绿旗被单击"下面。

16. 从"事件"分类拖曳一个"当接收到 ()"积木，放进脚本区。

17. 把"当接收到 ()"里的值改为"Dan"。

18. 从"更多积木"分类拖曳那个"台步"积木，贴在"当接收到 ()"积木的下面。

19. 从"事件"分类拖曳一个"广播 ()"积木，贴在"台步"积木的下面。

20. 在"广播 ()"积木里选择"新消息"，加一条新消息"Breakdancer1"。

下面来编写 Breakdancer1 的脚本。

1. 单击角色区里的"Dan"，打开它的脚本区。

2. 把"当绿旗被单击"开头的那串脚本拖到角色区里的"Breakdancer1"角色上。

3. 把"当接收到 ()"开头的那串脚本拖到角色区里的"Breakdancer1"角色上。

4. 单击角色区里的 Breakdancer1 角色的小图标。

5. 如果脚本区里的两串脚本重叠了，拖一拖重新安排一下。

6. 把"广播"从"台步"开头的那串积木里拖出来，从脚本区里拖走。

因为这是这场时装秀的最后一个角色，就不再需要给其他角色发广播了。

7. 把"当接收到 ()"积木里的值改为"Breakdance1"。单击绿旗来享受这场时装秀吧！

9.4 进一步探索

可以访问 Block Library 的网站，查看别人做的自定义积木，这些积木也都可以用在自己的程序中。

解锁成就：自定义积木

下一次探险

　　下一次探险中，我们将学习如何在 Scratch 中制作和使用音乐！我们可以播放音乐、录音、编曲，还有很多，然后可以用这些声音来做背景音乐，或是响应某种事件的发生！

探险 **10**

制作使用声音和音乐

这一章，我们要探索 Scratch 的声音。更为重要的是，我们要学习如何使用 Scratch 来录音、演奏和编曲！那么，打开音箱，或是戴上耳机，我们要开始啦！

10.1 使用声音

Scratch 里所有的音乐和声音积木都位于"声音"分类中，如图 10-1 所示。

这里的积木可以用来播放声音库里的声音、播放录制的声音（甚至是你自己录制的声音），也可以选择乐器和音符来组合出旋律。

图 10-1　"声音"分类

10.2　声音库

你正在寻找适合角色做特别复杂的舞蹈动作时的声音吗？大笑或打喷嚏的声音怎么样？加进去会让作品更真实。

Scratch 声音库里有超过 100 种可以用在程序里的声音，包括公鸡打鸣、猫叫、欢呼和各种乐器的声音。

在使用这些很棒的声音之前，先得把声音加到项目里，就像添加角色和背景的方式一样。那么，我们就打开声音库，来看看有什么声音吧。打开 Scratch 项目编辑器，然后按照下面的步骤操作：

1. 从顶端的菜单条选择"文件➪新建项目"。
2. 单击"声音"标签页，打开声音编辑器，如图 10-2 所示。

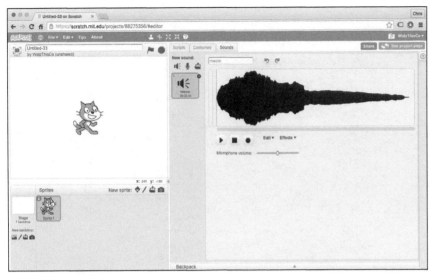

图 10-2　声音编辑器

3. 单击"从声音库中选取声音"图标，就是样子像喇叭的那个。

声音库打开后如图 10-3 所示。

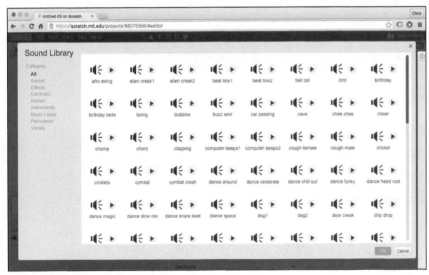

图 10-3　声音库

4. 浏览声音库，单击你想听的每个声音右边的箭头。

5. 找到你喜欢的声音，选择它。单击"确认"把它加到当前角色的声音区，如图 10-4 所示。

下面的步骤用来让角色发出这个新声音。

1. 单击"脚本"标签页，打开脚本编辑器和积木分类。

2. 从"事件"分类拖曳一块"当角色被单击"到脚本区。

3. 从"声音"分类拖曳一块"播放声音 ()"到脚本区，贴在"当角色被单击"积木的下面。

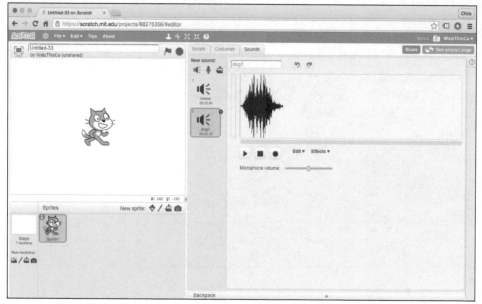

图 10-4　把声音加到角色上

4. 从"播放声音 ()"积木的下拉菜单里选择刚才从声音库里加入的声音。

5. 单击舞台上的 Scratch 小猫来播放这个新声音！

声音库有很多声音，不过并不是只能使用那些声音。我们可以编辑修改库里的声音，也可以上传使用自己录制或是在网上找到的声音。下面就来讲讲如何给项目添加自己的声音。

10.3　使用声音编辑器

声音编辑器就是可以看到声音波形的地方，在那里也可以录制、编辑声音，或使用声音效果。

波形就是声音的可视化表达。

要学习如何使用声音编辑器，单击"声音"标签页。这时可以看到所选择的声音的名字，然后是这个声音的波形图。

从波形可以得到声音的很多信息。波形的长度说明了声音播放所需的时间，波形的高度说明了声音有多响或多轻，波形的形状可以说明声音有多复杂。

比较一下图 10-5 的叫作"pop（噗）"的声音，和图 10-6 的叫作"computer beeps3（计算机哔哔 3）"的波形。

图 10-5 pop 声

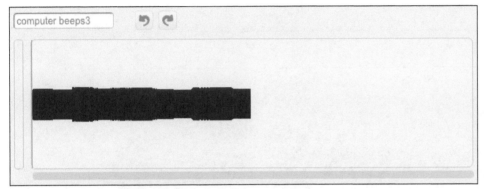

图 10-6 computer beeps3 的声音

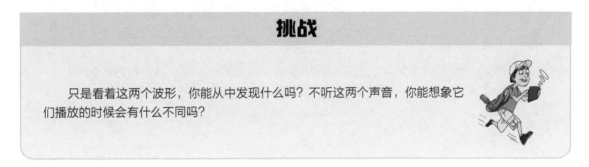

挑战

只是看着这两个波形，你能从中发现什么吗？不听这两个声音，你能想象它们播放的时候会有什么不同吗？

10.4 编辑声音

使用波形下方的工具，可以编辑声音，使它更响、更轻、更短，甚至可以更长！

下面的步骤教你如何定制 Scratch 库里的声音：

1. 从"声音"列表中选择"喵"声音，看到声音的波形。
2. 在波形上单击拖曳来选中它，如图 10-7 所示。
3. 单击波形下方的"播放"按钮，来听"喵"的声音是怎样的。

4. 保持波形被选中，单击"效果"下拉菜单，选择"翻转"。

你会发现波形翻转了，如图 10-8 所示。

5. 再次单击"播放"按钮，就能听到倒过来的猫叫！

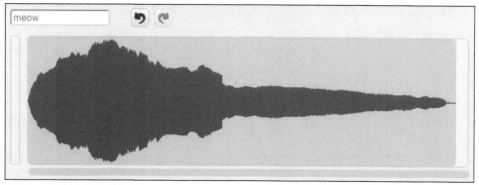

图 10-7　选择声音的波形

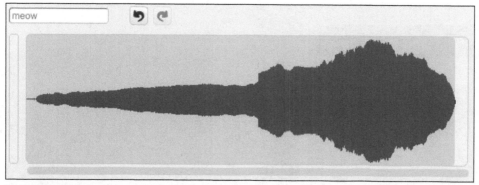

图 10-8　翻转声音

声音的任何一部分也可以被选择。比如，可以用声音编辑器把声音中的一段变得更响或更轻，让声音具有渐入或渐出的效果，甚至可以拷贝粘贴一段声音到别的声音中去。

10.5　录音

如果计算机接了话筒，就可以用声音编辑器来录制自己的说话或是周围的声音！

使用下面的步骤，用计算机的话筒来录音：

1. 单击"声音"标签页的"录制新声音"图标（就是看起来像话筒的那个）。

这样就会在声音编辑器里打开一个新的空白的声音。

2. 单击波形图下方的圆形图标，这就是录音按钮。

你会看到一个如图 10-9 所示的弹出式窗口，询问 Scratch 是否可以使用计算机的话筒。

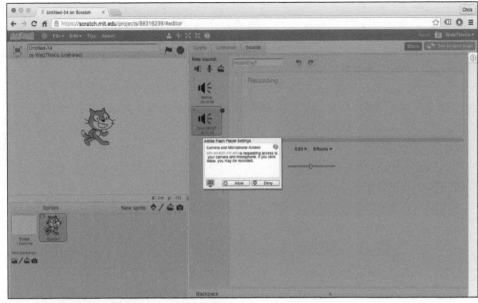

图 10-9　Scratch 要求获得使用话筒的许可

3. 单击"允许"按钮。

4. 第一次在 Scratch 中使用话筒的时候，还会看到另一个弹出式窗口，询问是否可以让 Scratch 使用话筒。这里也是单击"确认"。

Scratch 开始录音。

5. 录音完成后，按录音按钮左边的正方形图标（停止图标）来停止录音。

如果成功地录到了声音，就能在声音编辑器看到一段波形，如图 10-10 所示，单击播放图标就能回放你的声音。

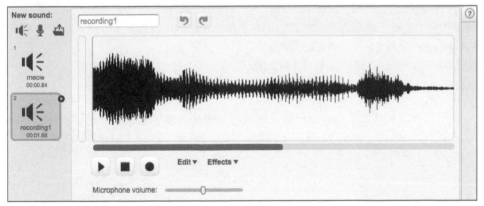

图 10-10　声音编辑器里一段录好的声音

10.6　导入声音

在"声音"标签页的"新声音"3个字下方最右边的图标，是"从本地文件中上传声音"。单击这个图标可以把计算机里的任何声音或音乐文件转换成可以在 Scratch 项目中播放的声音。

要导入声音，单击声音编辑器里的"从本地文件中上传声音"图标，然后在计算机里找到一个声音或音乐文件，再单击"打开"按钮。新的声音会出现在声音编辑器里，可以把它用在当前选中的角色身上。

如果打算引入别人创作的音乐，在自己的项目中播放，一定要首先确认创作者允许你这样做！未经许可并且未付出恰当的报酬就复制别人的音乐是不礼貌的。如果你的项目只是用于教学目的，使用别人的音乐是可以的（这就是"合理使用"的概念），但是如果有可能，先征得许可才是更好的做法。

访问 www.wiley.com/go/adventuresincoding 然后选择 Adventure 10，就可以观看如何使用 Scratch 的声音编辑器的视频。

10.7　组织 Scratch 爵士乐队

"声音"分类里的大多数积木是用来做自己的音乐的。可以把这些积木想象成和电子乐器的键盘一样，那里有 21 种不同的乐器、18 种不同的鼓可以选择，可以变换音乐的速度（节奏）、插入暂停（休止符），还可以调整音乐演奏时响一些或是轻一些（音量）。

用很少一点创意和努力，就可以组合 Scratch 的积木让角色合作出优美的音乐。这里，我们要用 Scratch 的声音积木来组合一个爵士乐队，演奏最初的经典。

我们要组合的是所有爵士歌曲中最著名的那首《秋天的落叶》。

《秋天的落叶》原本是一首法语歌曲，1945 年由约瑟夫·寇司马创作。1947 年，强尼·莫瑟为这首歌写了英语歌词。从那时起，这首歌被许多艺术家录制了几百次之多。

10.7.1　准备乐器

组织乐队的第一步是把角色放到舞台上，步骤如下：

1. 从顶端的菜单条选择"文件 ⇨ 新建项目"来创建一个新项目。
2. 单击"从角色库中选取角色"。
3. 从"音乐"主题中找到叫作"Guitar-Bass（贝斯 - 吉他）"的角色，加到项目中。
4. 再次单击"从角色库中选取角色"，把"Microphone（话筒）"加到项目中。
5. 再次单击"从角色库中选取角色"把"Drum1（鼓 1）"加到项目中。
6. 用"删除"工具或右键单击，把 Scratch 小猫从项目中删除。

这样，舞台上就应该是 3 个角色，按照自己的喜好排列好，就像图 10-11 那样。

这样我们就有了一个乐队，让它们演奏点什么吧，我们从鼓开始。

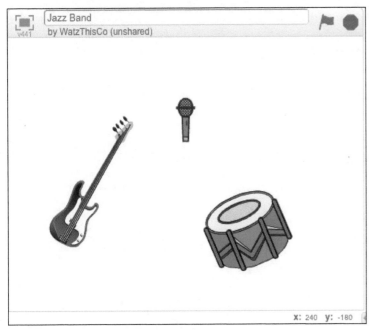

图 10-11　Scratch 爵士乐队项目的角色

10.7.2　找到鼓手

爵士鼓有一种特殊的鼓点，叫作"摇摆鼓点"。用计算机程序很难模仿出摇摆鼓点，但是用 Scratch 的音乐积木可以做得不错。下面的步骤可以模仿出摇摆鼓点来：

1. 单击角色区里的"Drum1"角色，打开它的脚本区。
2. 从"声音"分类拖曳一个"弹奏鼓声 ()() 拍"积木到脚本区。
3. 把第一个下拉菜单里的值设为"(2) 低音鼓"。
4. 把第二个值设为 0.66。
5. 从"声音"分类拖曳一个"休止 () 拍"积木，贴到"弹奏鼓声 (2)(0.66) 拍"积木的下面。
6. 把"休止 () 拍"积木里的值改为 0.66。
7. 从"声音"分类拖曳一个"弹奏鼓声 ()() 拍"积木进脚本区，贴在"停止 (0.66) 拍"积木的下面。

8. 修改"弹奏鼓声 ()() 拍"积木里的第一个下拉菜单的值为 2，第二个值为 0.66。

9. 再拖一个"弹奏鼓声 ()() 拍"积木进脚本区，把第一个值设为"(6) 闭合双面钹"，第二个值为 0.66。

10. 再拖一个"停止 () 拍"积木进脚本区，贴在脚本的下面，把值设置为 0.66。

11. 再拖一个"弹奏鼓声 ()() 拍"积木到脚本的下面，把第一个值设为"(6) 闭合双面钹"，第二个值为 0.66。

12. 从"控制"分类拖一个"重复执行 () 次"积木，把之前鼓的整个脚本都包进去。

13. 把"重复执行 () 次"里的数值改成 8，这样鼓的脚本就应该像图 10-12 那样。

图 10-12　鼓的脚本

10.7.3　演奏旋律

下面是做出能演奏旋律的脚本的步骤：

1. 单击角色区里的"Guitar（吉他）"角色，打开它的脚本区。

2. 从"事件"分类拖曳一个"当绿旗被单击"积木到脚本区。

3. 从"声音"分类拖曳一个"将节奏设定为 ()bpm"积木，贴到"当绿旗被单击"的下面，把数值设置为 145。

在音乐中，节奏是歌曲演奏的快慢。bpm 的意思是"每分钟多少拍"。钟表以 60bpm 的速度走动，145 bpm 大约是钟表的秒针速度的两倍多一点。

4. 从"声音"分类拖一个"设定乐器为 ()"积木，贴在"将节奏设定为 (145)bpm"的下面。

5. 在乐器的下拉菜单中选择"(4) 吉他"。

正在编程的这首歌接下去有 17 个音符，大多数都是 1 拍的，下面是做这 17 个音符的步骤：

1. 拖一个"演奏音符 ()() 拍"积木到脚本区。

2. 把"演奏音符 ()() 拍"积木里的第二个数字改为 1。

3. 做 11 个这个积木的拷贝，这样总共就有了 12 个"演奏音符 ()() 拍"积木。

4. 按照图 10-13，把这 12 个积木做成 4 个 3 块一起的组。

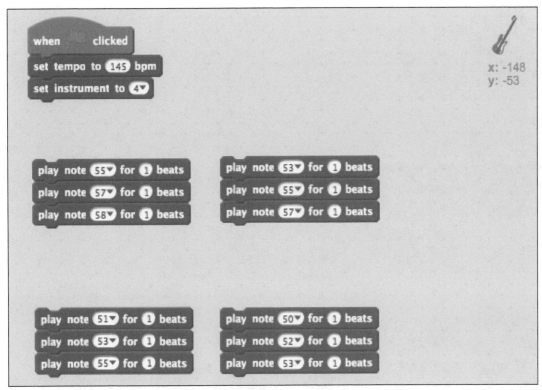

图 10-13　做音符的分组

5．按照图 10-13 设置所有的"演奏音符 ()() 拍"积木里的每个音符。

6．双击每组积木，每次双击一组。你应该能分辨出每组的音调逐渐升高，但是每组的 3 个音符都是从最低的那个音符开始的。

7．从"声音"分类再拖曳一个"演奏音符 ()() 拍"积木，贴到第一组的下面。

8．设置这个积木里的音符为"Eb(63)"，节拍数为 5。

9．从"声音"分类再拖曳一个"演奏音符 ()() 拍"积木，贴到第二组的下面（就是从音符 53 开始的那组）。

10．设置这个积木里的音符为"D(62)"，节拍数为 2。

11．从"声音"分类再拖曳一个"演奏音符 ()() 拍"积木，贴到刚才那组的下面。

12．设置这个积木里的音符为"D(62)"，节拍数为 3。

这样，吉他角色的脚本区就应该像图 10-14 一样了。

13．从"声音"分类再拖曳一个"演奏音符 ()() 拍"积木，贴到第三组的下面（从 51 开始的那组），设置音符为"C(60)"，节拍数为 5。

14．从"声音"分类拖曳一个"演奏音符 ()() 拍"积木，贴到第四组的下面（从 50 开始的那组），设置音符为"Bb(58)"，节拍数为 5。

这样，《秋天的落叶》开头 4 行的音符就准备好了，如果依次双击，就能听到歌曲了。

接下来，要编程实现乐队里乐手之间的时序关系。

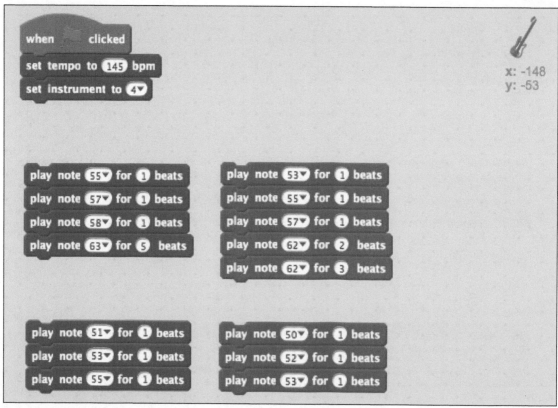

图 10-14 完成了两个音符组

10.7.4 合起来演奏

我们可以用广播和事件积木来协调不同的脚本和角色。下面,我们要让鼓手打鼓,让主唱开始唱歌。

首先要让鼓点在正确的时候开始。在这首歌里,鼓手应该在吉他弹奏了前 3 个音符之后开始。下面是编程让吉他广播消息给其他乐器的步骤:

1. 把第一组的最后一个音符从前面 3 个那里分开。
2. 从"事件"分类拖曳一个"广播 ()"积木,贴到第一组的第三个音符的下面。
3. 在"广播 ()"积木里选择"新消息",创建一个新消息,消息名称为"鼓"。
4. 单击角色区的"Drum1"角色,打开它的脚本区。
5. 从"事件"分类拖曳一个"当接收到消息 ()"积木,贴到 Drum1 角色的脚本的顶端。
6. 在"当接收到消息 ()"的下拉菜单里选择消息"鼓"。
7. 单击角色区里的"Guitar Bass"角色,回到它的脚本区。
8. 把刚才从第一组里移出来的最后的那个音符贴到"广播 (鼓)"消息的下面。
9. 双击第一组音符。

鼓应该在演奏了第三个音符之后开始演奏了。

接下来，我们要编程发出事件，让主唱来唱每一句歌词。《秋天的落叶》前4句歌词是：

The falling leaves（落叶啊）

Drift by the window（窗外飘过）

The autumn leaves（秋叶啊）

Of red and gold（满眼金红）

每一行都应该是伴着一组音符来唱的。下面是给主唱编程的步骤：

1. 在每一组音符前面加一个"广播()"积木。

我们要用这些广播积木来通知主唱什么时候该唱这首歌的哪一行了。

2. 给这里的4个广播积木各自创建一个新消息。4个消息应该是"落叶""窗外""秋叶"和"金红"。
完成后，吉他的脚本区应该像10-15那样。

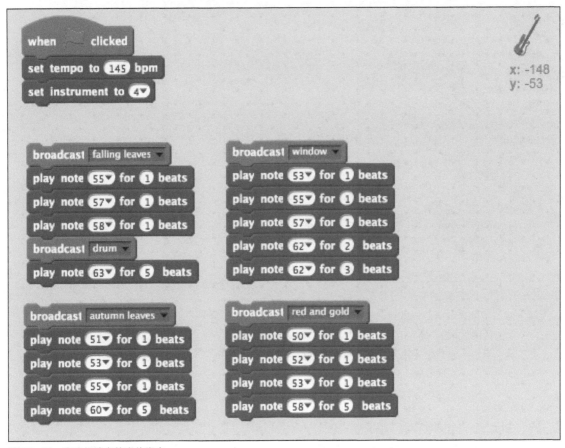

图 10-15　有广播消息的吉他脚本

3. 把这5段合成一个脚本。

"广播（落叶）"积木块应该贴到"设定乐器为(4)"积木块的下面，然后"广播（窗外）"块应该贴到它的下面。再是"广播（秋叶）"开始的那段，最后是"广播（金红）"开始的那段。

这些片段都连接起来后，就应该是10-16的样子。

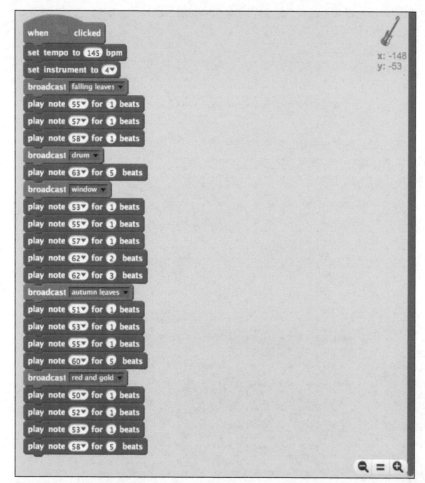

图 10-16　完成了的吉他脚本

接下来，要用吉他所广播的这些消息来触发"Microphone"角色说出歌曲的每一行，以下是步骤：

1. 单击角色区里的"Microphone"角色。

2. 从"事件"分类里拖曳 4 个"当接收到 ()"积木。

3. 在第一个"当接收到 ()"里选择"落叶"。

4. 从"外观"分类拖曳一块"说 ()"积木，贴在第一个"当接收到 (落叶)"的下面，把说的内容修改为"落叶啊"。

5. 在第二个"当接收到 ()"里选择"窗外"。

6. 从"外观"分类拖曳一块"说 ()"积木，贴在那个"当接收到 (窗外)"的下面，把说的内容修改为"窗外飘过"。

7. 在第三个"当接收到 ()"里选择"秋叶"。

8. 从"外观"分类拖曳一块"说 ()"积木，贴在那个"当接收到 (秋叶)"的下面，把说的内容修改为"秋叶啊"。

9. 在第四个"当接收到 ()"积木里选择"金红"。

10. 从"外观"分类拖曳一块"说()() 秒"积木，贴在那个"当接收到（金红）"的下面，

11. 把"说()() 秒"积木中第一个值改为"满眼金红"，第二个值改为 4。

12. 单击绿旗来观赏完成了的爵士乐队程序自己的演唱！

10.7.5 一起唱

旋律和鼓点就绪之后，就可以播放歌曲然后跟着一起唱。或者，如果计算机上配有话筒的话，就可以录下自己唱歌的声音，然后每次单击绿旗就可以听到自己的歌声了！

下面是录下自己的演唱加到乐队里的步骤：

1. 单击角色区里的"Microphone"角色。

2. 单击"声音"标签页，打开声音编辑器。

3. 单击"录制新声音"图标。

4. 单击"录音"按钮，开始唱歌！

5. 唱完后，单击"停止"按钮。

6. 给你的声音起个名字。

如果一切正常，就会在声音编辑器里看到自己唱歌的波形，就像图 10-17 那样。

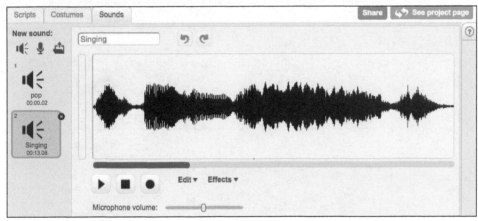

图 10-17　新唱的声音

7. 播放这段声音。如果在开头有一些没声音的时段，选中那段没声音的波形，然后用"编辑⇨剪切"来删除掉。

我们希望一单击绿旗，歌唱就立刻开始。

8. 单击"脚本"标签页，打开"Microphone"角色的脚本区。

9. 从"事件"分类拖曳一块"当绿旗被单击"积木到脚本区。

10. 从"声音"分类拖曳一块"播放声音 ()"积木，贴在"当绿旗被单击"积木的下面。

11. 在"播放声音 ()"的下拉菜单里选择你唱歌的声音。

12. 单击绿旗来听你的声音和音乐一起播放的效果！

怎么样？是不是很奇妙？如果不够好，再录一遍！不幸的是，Scratch 没有办法可以边放音乐边录音，所以只能不停地尝试。不过，Scratch 就是这样啊！乐趣就是在于试来试去！

10.8 进一步探索

想要寻找在项目中可以使用的、很酷的新声音吗？可以试试"Free Sounds（免费声音）"，访问 Freesound 网页，那里有很多不同的声音，都是可以免费下载使用的。你也可以录音然后上传自己的声音给 freesound.org！

解锁成就：Scratch 音乐的声音

下一次探险

下一次探险中，我们要探索 Scratch 的宇宙，学习混编技术，在真实的东西上使用 Scratch，还有很多！

探险 11

探索 Scratch 小宇宙

Scratch 远不止是编程语言和学习编程的工具。它还是孩子和老师的社区，在那里大家在线分享作品，并互相帮助来成为更好的程序员。

本次探险将展示一些学习 Scratch 和使用 Scratch 编程的丰富资源。我们会说明如何做"混编"，给出建议，指导你遇到某个特别困难的问题时，该如何寻求帮助。

11.1 访问 MIT 网站上的 Scratch 课程

MIT 网站里的 Scratch 课程，我们花了那么多时间在上面编写整本书的程序，所用到的只是它巨大的编程学习资源的冰山一角。它是 Scratch 世界的中心，所以，我们就从这里开始。

访问 scratch.mit.edu 的时候，在顶端的菜单条那里有一个"创建"按钮。我们已经知道，单击这个链接，就会打开 Scratch 项目编辑器。紧挨着它的右边是"发现"按钮，如图 11-1 所示。现在，单击这个链接。

图 11-1 "发现"链接

MIT 网站上的 Scratch 课程的"发现"部分，会显示由其他 Scratch 程序员创作并分享的项目的分类作品集。你分享了一个项目后，它也会出现在"发现"作品集里。

在分享第一个项目之前，如果之前还没有修改过 Scratch 的用户资料，先花几分钟来完善这个 Scratch 用户资料。步骤如下：

1. 登录 MIT 网站上的 Scratch 课程，单击 Scratch 网站右上角你的用户名，选择"个人中心"。
2. 会看到你的个人信息，类似图 11-2 那样。
3. 检查一下你的资料数据，如果有需要就升级。

图 11-2　Scratch 用户资料

如果你是全新的 Scratch 用户，你的资料会说你是"Scratch 新手"。在 Scratch 网站上活跃了几个星期之后，就会收到邀请来更新成为一位完全的 Scratch 人。更新是免费的。

11.2　分享你的项目

现在，有了完整的用户资料，就可以向全世界展示你独特的创作了！以下是分享 Scratch 项目的步骤：

1. 如果还没有登录，前往 Scratch 网站，用自己的账号登录。
2. 在屏幕右上角你的名字的下拉菜单里选择"我的东西"。

这样就会出现如图 11-3 所示的"我的东西"的屏幕。这个屏幕列出了你之前创建过的所有项目。

图 11-3 "我的东西"页面

"我的东西"页面列出了所有的东西，甚至是那些错误的或放弃了的、再也不想要了的项目。常见的情况就是列出了很多没有全部完成的，或者甚至还没有真正开始的！还好，Scratch 的发明者在每个项目右边都设置了一个"删除"按钮，可以让这个地方整洁一些。

3. 浏览一下你的项目列表，找到一个你引以为傲的项目。

4. 单击想要分享的那个项目的标题。

这样就打开了那个程序的项目页，就像图 11-4 那样。在项目页的顶端有一条消息，表明这个项目并没有被分享。

5. 单击舞台上方或是舞台中央的绿旗来运行程序，确保这个项目已经可以分享。

如果一切都好了，下一步就是填写项目的元数据。元数据是用来描述一个程序的数据。在创建 Scratch 程序的时候，可以提供的元数据包括：

• 操作说明

• 备注与致谢

• 项目标签

元数据是描述程序的数据。它可以包含诸如项目的创建者、给项目打的标签或是如何使用程序的说明这样的信息。元数据不是代码的一部分，而是对项目细节的说明。

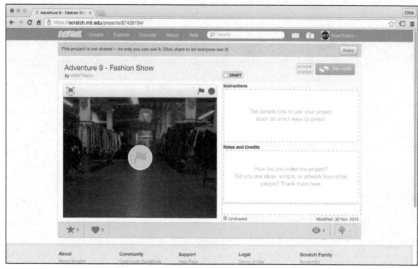

图 11-4 项目页

填写项目的元数据是分享 Scratch 程序的重要一步，这些格子里应该要填上一些内容。填写元数据让你有机会告诉别的 Scratch 用户你的程序是怎样的，确保程序在"发现"页里出现在正确的分类目录里。

以下是填写项目的元数据的步骤：

1. 鼠标在"操作说明"下面单击一下，输入关于如何使用这个程序的简短说明。比如，对于第 9 章里的时装秀，可以给出下面的操作说明：

Click the Green Flag and watch the show!

单击绿旗观看演出！

2. 在"备注与致谢"下面单击鼠标，输入是谁创建了这个程序，或是希望查看这个项目的人了解的其他信息。

比如，对于那个时装秀项目，我们的"备注与致谢"就是这样的：

From Adventure 9 of Adventures in Coding by Chris Minnick and Eva Holland. This project demonstrates how to use custom blocks.

（来源：《零基础学 Scratch（图文版）》第 9 章；作者克里斯·明尼克和伊娃·霍兰。这个项目演示了如何使用自定义积木。）

3. 在"备注与致谢"下方的"Add Project Tages（添加项目标签）"的格子里单击一下。格子下面会出现一些选项。

4. 从中选择最适合的标签。

比如，对于这个时装秀，我们选择的是"Animations（动画）"。

如果你的项目符合多个分类，完全可以选择多个标签，但是不要选择不适合你项目的标签。

图 11-5 是填好了元数据的项目。

图 11-5　项目的元数据

对项目的页面外观满意了的话，就可以单击页面顶端的"分享"按钮。稍等一下，页面会自动刷新，然后就能看到项目页面顶端的消息说这个项目已经分享，如图 11-6 所示。

图 11-6　分享了的项目

11.3 Scratch 社区规则

在 Scratch 网站底部的"社区"分类（位于底部第二列）中 *，有一个"讨论区"链接，它对应的是 Scratch 论坛。在这里，可以得到有关项目的各种帮助、可以读到 Scratch 团队的声明、可以展示你的作品，可以和其他 Scratch 人一起工作，还有很多！

任何拥有认证了的 Scratch 账号的人都可以参与这个论坛的讨论。如果对论坛还不熟悉，建议从图 11-7 里的"New Scratchers（新 Scratch 人）"板块开始。如果你的用户资料说你还是"New Scratcher"，就还不能在 Scratch 论坛里发布图片或链接，也不能编辑自己的帖子。

看一下在"New Scratchers"板块置顶的那些帖子，那些都像是"How to Become a Good Scratcher, quickly（如何快速成为好的 Scratch 人）"那样的帖子，或是非常重要的"Basic Forum Guidelines（论坛基本规则）"。

就像你曾经访问过的其他团体或机构一样，Scratch 论坛有必须遵守的规则和建议，这样对大家都有好处。这些规则包括：

- 发帖要切题。比如有个关于定制积木的讨论，就不要在那个讨论里问绘图编辑器的问题。很可能正好另外有一个讨论就是关于那个问题的。
- 发帖要发对地方。发新帖的时候一定要在相关的类目板块里发。

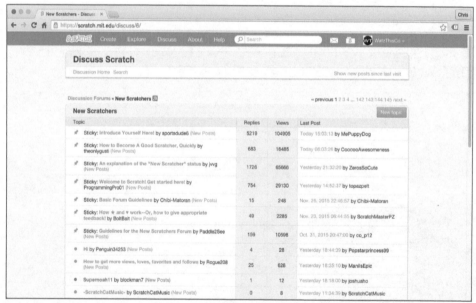

图 11-7 "New Scratchers"板块

- 要读置顶帖子：如果论坛有"置顶"的帖子，那些帖子会始终保持在论坛的上面。这些是 Scratch 团队认为非常重要的，你应该花些时间来阅读。

读了"New Scratchers"论坛里的置顶帖子之后，下面是在这个板块里发第一个帖子的步骤：

1. 单击 Scratch 网站底部"社区"下面的"讨论区"链接，然后单击"New Scratchers"，进入"New

---

* 译注：最新的 Scratch 网站上，顶部已经没有"讨论区"链接，该链接被移到了底部，故这里做了相应修改。

Scratchers"板块。

2. 单击"New Scratchers"板块的第一个帖子，就是"Introduce Yourself Here!（在这里介绍自己！）"

3. 阅读这个帖子里的内容，了解大家都在说什么。

4. 翻到这页的最下面，找到"New Reply（回复）"区域，就像图 11-8 那样的地方。

5. 写一条消息！说"嗨！"告诉 Scratch 的朋友们你为什么要学编程，你的用户名是什么意思（如果对你是有特殊意义的话），甚至还可以说一点你想要做的作品，说说你是怎么学习的。

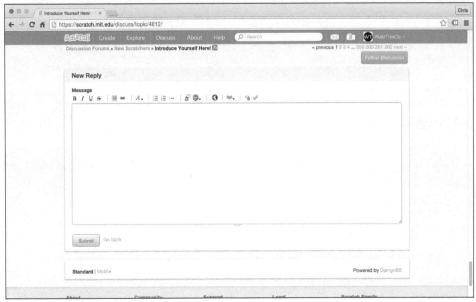

图 11-8　"New Reply"区域

如果你喜欢我们这本书，希望你能提一下你正在读《零基础学 Scratch（图文版）》哦！

6. 试试"New Reply"区域的文本输入框上方的各种按钮，看看都是做什么的。

7. 对你的帖子满意了，就单击"送出"。

干得好！你正在成为一名有价值的、受尊敬的 Scratch 社区成员。继续努力，好好学习、天天向上！

很可能会有人在你的个人资料页写点评论，或是在你的帖子后面"跟帖"来欢迎你加入 Scratch。在你变得越来越有经验的同时，最好能时不时地进"New Scratchers"板块来欢迎一下新人！

11.4　改编项目

在Scratch网站分享了你的项目，就是同意了Scratch社区里任何人都可以观看、复制、修改这个项目。别人分享的项目也是同意了这样做的。这正是 Scratch 如此有意思的地方！你可以查看别人的项目，理解工作原理，然后加以改进，或是按照你的意图来修改。当然，在你的"备注与致谢"那里表达对原作者的感谢，是应有的礼貌，也是通行的做法。

复制一个项目，然后加上自己独有的代码的过程，就是 Scratch 里的改编。

改编就是制造出某个东西的新版本的过程。对于 Scratch 来说，就是复制别人的项目然后对它加以修改！

试试下面的步骤来改编一个项目。

1.　访问我们为这本书创建的 Scratch 创作坊。

在 Scratch 网站的"Explore"部分搜索"WatzThisCo"可以找到我们。这样就能看到我们的创作坊，就像图 11-9 那样。

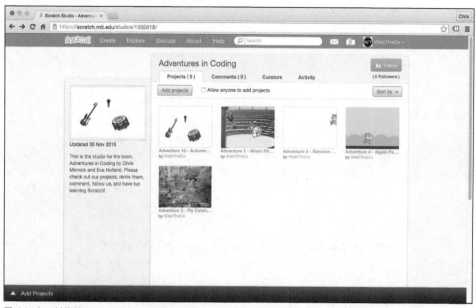

图 11-9　创作坊　*

2.　随便单击一个项目打开它的页面。

3.　单击项目页面右上角的"观看程序页面"按钮，就能看到组成这个项目的积木和角色了。

4.　单击脚本区上方的"改编"按钮。

---

*译注：Studio 在 Scratch 官网上有的地方译作"工作室"，有的地方译成"创作坊"。

这样，就会在你的"我的东西"区里出现这个项目的一个拷贝了。

创建了一个拷贝之后，就可以打开它的项目页。你会发现在"备注与致谢"的下方，已经向"原生专案（原始项目）"做了感谢，然后在"备注与致谢"那里，出现了一条说明，希望你表达对原作者的感谢，并说明是如何完成项目的，如图 11-10 所示。

图 11-10　向原作者致谢

改编是 Scratch 领域重要而且精彩的一个部分。做得好的话，它能让原作者和改编者双方都受益：原作者能从改编者得到新想法和对项目的改进；改编者能通过阅读和实践，从别人的代码中得到学习。

11.5　和真实世界交互

Scratch 另一项伟大的特性，是可以和连接到计算机的设备一起工作。还记得吗？早在第 1 章，我们就说过计算机程序也被叫作"软件"。下面，我们要谈谈硬件。硬件是和软件交互的实际的设备。比如，计算机本身就是硬件，键盘、鼠标，甚至屏幕也都是硬件。

硬件是一种能和软件交互的实际的设备。Adobe 的 Photoshop、微软的 Word，甚至你做的 Scratch 项目都是软件。它们和计算机交互，计算机就是硬件。

有些很聪明的人发明了其他形式的硬件设备，它们连接到计算机上，然后就可以用来控制 Scratch 程序了。Makey Makey 就是这样一种设备。

一个 Makey Makey 接在计算机的 USB 口上，然后可以用导线连接到真实世界各种东西上，来模拟按键盘和鼠标上的键。

图 11-11 就是一个用字母汤里的字母来做键盘的 Makey Makey。

图 11-11　Makey Makey 字母汤键盘，照片由 JoyLabz 公司提供

克里斯和伊娃说

　　　　Makey Makey 是由 JoyLabz 公司制作的，在 Makey Makey 的网站上可以买到。

　　用上 Makey Makey，就可以在 Scratch 里编程做一架钢琴（就是用第 10 章学过的积木），然后用香蕉那样的东西来做琴键！可以把线接到放在地板上的锡箔，当你踩上去的时候，让 Scratch 程序来打鼓。也可以你捏着一条线，让你的朋友捏另一条线，当你们俩击掌的时候，让 Scratch 做点什么事出来！用 Makey Makey 可以做许多东西出来！

　　要理解 Makey Makey 的工作原理，知道能用它做什么，首先需要懂一点点电。

11.5.1　理解电

　　电是让计算机和互联网世界转起来的东西，可是，电是什么呢？

　　电是一种能量形式，它可以在一个地方聚集起来，也可以在不同的地方之间流动。当它在一个地方聚集时，我们称它为静电。当你在地毯上划过，或是抚摸你的猫的时候，就会有静电产生。

定义解释

　　　　当电子不流动而聚集起来时就产生了静电。

　　当电子从一个地方移动到另一个地方时，就产生了电流。给计算机、手机、电灯、烤面包机等供电的就是这种电。

定义解释

电流是电子从一个地方移动到另一个地方所形成的。

闪电是非常巨大的电流，不过也可以用来解释比它小很多的 Makey Makey 所用的电流。

闪电是在一个地方（在云中）聚集起来的，然后从一处雷雨云向另一处雷雨云或是向地面移动，从而原先所存储的电子就减少了。为了能从一个地方向另一个地方移动，电子需要具有能移动的通路。比如，闪电通过空气移动，电流流经的路径叫作导体。

定义解释

导体是电子可以运动的通道。

云、空气和地球构成了一个通路，也是一个回路，这个回路叫作电路。缺少这三个部分中的任何一个，就不会出现闪电。

像计算机或 Makey Makey 这样的硬件，电路中有正电荷所在的地方、负电荷所在的地方，也有通常由金属线所构成的导体。当电流流经电路的时候，电子设备就会工作；电流不流动的时候，电子设备就不工作了。

11.5.2　理解 Makey Makey

Makey Makey 让我们可以用导线和其他导体做出控制计算机的电路。请看图 11-12 中 Makey Makey 的细节，上面有很多可以连接导线的点，在底部有一行标着 "earth（地）" 的点。这就和闪电一样，当电子从 Makey Makey 上部的点流动到标着 "earth" 的某个点的时候，电路就形成了。

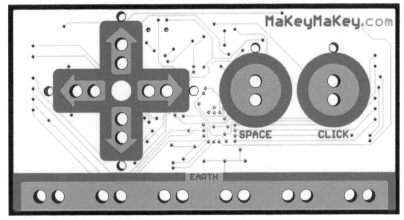

图 11-12　Makey Makey

Makey Makey 所构成的电路向计算机发送信号，让计算机以为键盘上或是鼠标上的某个键被按下了。我们可以在 Scratch 里写程序来检测到这些事件！

Makey Makey 的有趣之处在于我们可以用不同的导体（除了导线）来构成电路。比如，图 11-13 中用香蕉来做导体。当你的一只手捏着连接到"earch"端子的导线，然后用另一只手来触摸连接在 Makey Makey 另一端的香蕉，就完成了电路，而信号就会发送给计算机。

图 11-13　香蕉键盘

下面我们来解释导电性，解释什么样的东西可以用作导体。

11.5.3　理解导电性

导体是电子可以流经的东西。

不同的材料有不同的导电能力。比如，金属是很好的导体，所以导线是用金属做的。空气是不好的导体，但是当电荷异常巨大（比如闪电那样）的时候，也能导电。

不过金属并不是唯一可以导电的材料，水也可以导电。铅笔芯是用石墨做的，也可以导电。塑料、橡胶、普通的石头和木头都是不能导电的材料。

由于水是导体，而我们的身体里含有很大比例的水，人体就可以作为导体来用了！能作为导体的东西还有：

- 水果和蔬菜
- 锡箔
- 任何金属的东西
- 湿的泥土
- 一杯果汁

- 基本上湿的东西都是

不易导电的东西的例子有：

- 衣服
- 玻璃
- 非金属的家具
- 墙
- 空气

挑战

看看你的周围，你能找出哪些是好的导体，哪些是不易导电的吗？

大的电流，就像打雷，或是家里的插座，是很危险的，不可以玩。而 Makey Makey 所用的电流是非常微小的，因此是完全安全的。

访问 www.wiley.com/go/adventuresincoding，选择 Adventure 11，就可以观看伊娃和克里斯用 Makey Makey 做实验！

11.6　用 PicoBoard 感知世界

PicoBoard 也是一种可以连接到计算机来控制 Scratch 程序的设备，就像图 11-14 里的那个。

PicoBoard 是 SparkFun 电子公司设计的，在 SparkFun 网站上可以买到。

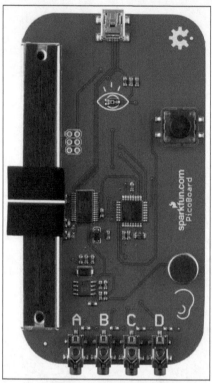

图 11-14　PicoBoard，图片由 SparkFun 电子公司提供

PicoBoard 上有几个传感器，可以用特殊的 PicoBoard 积木来控制 Scratch 程序，把外部世界的数据用在程序中。

要使用 PicoBoard 积木，在"更多模块"分类那里单击"添加扩展"。在"添加扩展"的弹出式窗口里，就能看到一些扩展模块，其中就有 PicoBoard 的扩展，就像图 11-15 那样。

图 11-15　增加 PicoBoard 扩展

加入了扩展库后，就能在"更多模块"分类里看到新的 PicoBoard 积木了，还会出现一些说明来提示如何安装使用 PicoBoard 的浏览器插件，这样才能让 Scratch 与 PicoBoard 连上。

如果你有 PicoBoard，就能侦测到声音和光线的变化，或是得知 PicoBoard 上的按钮按下了或是滑动条滑动了。

通过把计算机连接到其他诸如 Makey Makey 或是 PicoBoard 这样的硬件，我们就进入了交互程序的世界！

11.7　进一步探索

解锁成就：Scratch 社区
在 MIT 网站的 Scratch 教程里可以看到其他使用 Makey Makey 和 PicoBoard 的例子。

附录 A

安装 Scratch 脱机编辑器

有时候当你想创建 Scratch 作品，但是却上不了网，这时候不用担心，你可以使用 Scratch 脱机编辑器。使用 Scratch 脱机编辑器，即使没有互联网连接，你依然可以创建新作品或者继续制作已有的作品。在这个附录中，我们就学习如何在自己的计算机上安装 Scratch 脱机编辑器。

在 Windows 操作系统上安装 Scratch 脱机编辑器

要在 Windows 计算机上安装 Scratch 脱机编辑器，请使用如下步骤。

第一步是下载和安装 Adobe AIR。*

1. 访问 Adobe AIR 的下载页面 https://scratch.mit.edu/scratch2download/，如图 A-1 所示。
2. 如果你的计算机上还没有安装 Adobe AIR，请单击"Windows"标题右面的"下载"链接，如图 A-2 所示。

---

* 译注：需要先访问 MIT 网站上的 Scratch 教程，在页面最下面的语言选择栏中选择"简体中文"，将语言切换成简体中文。

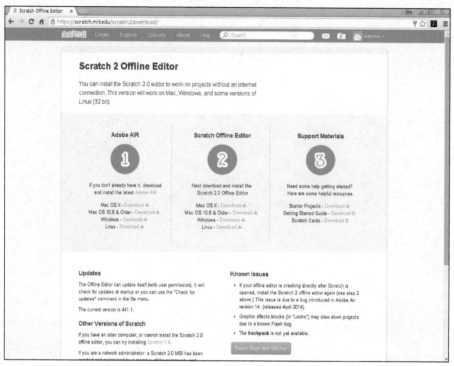

图 A-1 Scratch 脱机编辑器下载页面

图 A-2 第一步：下载 Adobe AIR

如果你不确定应该下载哪个版本，就直接单击所有"下载"链接上面的"Adobe AIR"链接，它会自动检测你需要下载哪个版本。

　　3. 在 Adobe 下载页面，单击"立即下载"，如图 A-3 所示。

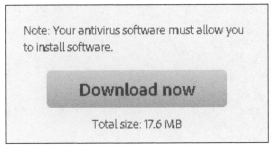

图 A-3　下载 Adobe AIR

　　4. 下载完成后，到你计算机的"下载"目录下找到 AdobeAIRInstaller.exe，双击打开它。Windows 的程序管理器就打开了。

　　5. 单击"运行"，允许你的计算机运行这个文件，如图 A-4 所示。

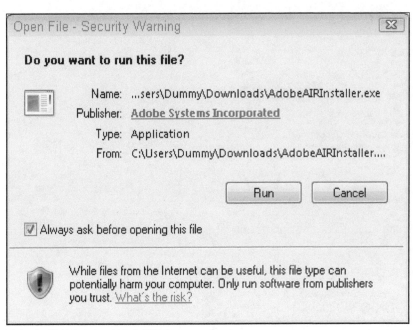

图 A-4　运行 Adobe AIR 安装程序

　　6. 当 Adobe AIR 安装窗口出现后，单击"我同意"，同意 Adobe AIR 的许可协议。 *

　　7. 当 Windows 用户账户控制窗口出现后，单击"是"，允许安装。 **

　　8. Adobe AIR 安装完成后，会打开一个通知窗口告诉你安装完成了，如图 A-5 所示。 ***

---

* 译注：见图 P3-3。

** 译注：见图 P3-4。

*** 译注：见图 P3-5。

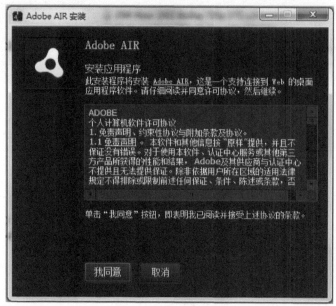

图 P3-3

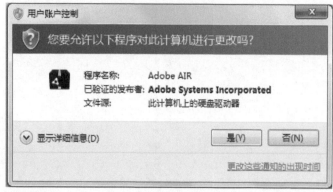

图 P3-4

图 P3-5

9. 单击"完成"。

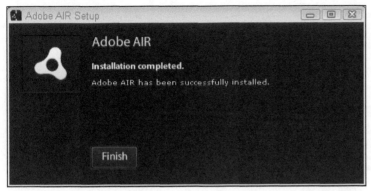

图 A-5　Adobe AIR 安装完成

现在，Adobe AIR 就在你的计算机上安装好了。再到 Scratch 脱机编辑器的下载页面 https://scratch.mit.edu/scratch2download/ 下载 Scratch 脱机编辑器。

1. 因为是 Windows 操作系统，所以单击"Windows"右面的"下载"链接，如图 A-6 所示。

图 A-6　下载 Scratch 脱机编辑器

2. 这个文件就下载到了你计算机上的"下载"目录下。

3. 找到你计算机上的"下载"目录，双击刚下载的文件*，打开它。

4. 当出现安全对话框询问你是要"运行"还是"取消"安装这个文件时，如图 A-7 所示，单击"运行"。

5. 你会看到安装窗口会给你提供一些选项，比如是否在你的桌面上创建 Scratch 快捷方式，如图 A-8 所示。单击上面的单选框，设置你的偏好，然后单击"继续"。

_____

*译注：当前版本对应的下载文件为 Scratch-456.0.4.exe。

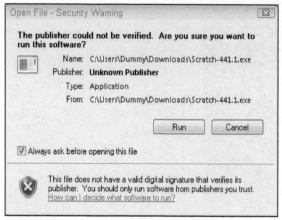

图 A-7　运行 Scratch 脱机编辑器安装程序

图 A-8　选择安装位置和偏好

这时，会出现一个安装进度条来让你了解安装的进展情况，如图 A-9 所示。

图 A-9　安装 Scratch 脱机编辑器

6. 安装过程中，可能会出现 Windows 用户账户控制窗口，询问你是否允许对计算机进行修改，选择"是"。*

7. 安装完成后，Scratch 脱机编辑器就安装到你的计算机上了。如果你选择了创建快捷方式，就可以在你的桌面上看见 Scratch 小猫的图标。

现在，你就可以随时随地使用 Scratch 编程了，不管能不能上网。

在 Mac 操作系统上安装 Scratch 脱机编辑器

在装有 Mac 操作系统的计算机上安装 Scratch 脱机编辑器，请使用如下步骤：

1. 访问 https://scratch.mit.edu/scratch2download/，能看到和图 A-10 类似的界面。

2. 安装 Adobe AIR。选择正确的 Mac OS 版本右面的"下载"链接（如图 A-11 所示）。如果不确定自己需要哪个 Mac 版本，直接单击上面的 Adobe AIR 链接，它会自动检测要下载的正确版本。

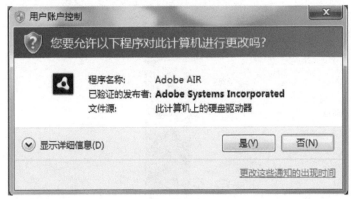

图　P6-2

图 A-10　Scratch 脱机编辑器下载页面

---

* 译注：见图 P6-2。

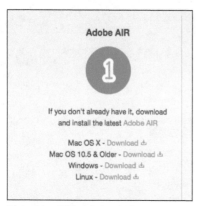

图 A-11 下载 Adobe AIR

3. 你会看到 Adobe AIR 的下载界面，如图 A-12 所示。单击右下角的"立即下载"按钮。

图 A-12 Adobe AIR 下载界面

4. 当下载开始后，单击"下一个"，如图 A-13 所示。

图 A-13 下载 Adobe AIR

5. 下载完成后，到计算机的"下载"目录里找到文件 AdobeAIR.dmg，双击它，会出现 Adobe AIR 安装窗口，双击里面的 Adobe AIR Installer 文件。

默认情况下，Mac 系统只允许你从它的 App Store 安装程序，如果你的安全偏好设置是这样的，那有可能会碰到图 A-16 所示的通知窗口。要修改系统偏好设置，让 Mac 允许你在计算机上安装 Adobe AIR，请使用如下步骤：

1. 单击计算机屏幕左上角的苹果图标。
2. 选择"系统偏好设置"，如图 A-17 所示。
3. 找到"安全性与隐私"图标，单击它。

安全与隐私设置窗口就会打开。有可能需要单击左下角的锁并输入你的密码才能更改设置。在这个窗口中，你可以选择允许从"App Store 和被认可的开发者"下载安装应用，也可以选择只允许从"App Store"下载应用。窗口里会显示已"阻止打开 Adobe AIR Installer，因为来自身份不明的开发者"，单击"仍要打开"。

4. 出现如图 A-18 所示的通知窗口时，单击"打开"按钮。

这样 Adobe AIR 安装窗口就会出现 *。

图　P11-1

5. 双击里面的 Adobe AIR Installer 文件，如果出现窗口告诉你 Adobe AIR Installer 是从互联网下载的应用程序，是否确定打开时，单击"打开"按钮。

6. Adobe AIR 就开始安装了。如果你的计算机上已经安装过 Adobe AIR，有可能会出现一个询问是否要更新的窗口，单击"更新"按钮即可。

7. 如果出现窗口让你输入密码允许安装时，输入自己的计算机登录密码。

8. 安装完成后，会弹出一个通知窗口，单击"关闭"。

这样 Adobe AIR 就在你的 MacOS 计算机上安装好了。再返回到 https://scratch.mit.edu/scratch2download/ 下载和安装 Scratch 脱机编辑器。

1. 单击正确的 Mac 操作系统版本右面的"下载"链接（如图 A-14 所示），开始下载。

2. 下载完成后，在你计算机的"下载"目录下找到新下载的 Scratch 2 安装文件（当前版本是 Scratch-456.0.4.dmg，你下载的版本号可能会有所不同），双击它。打开 Install Scratch2 的窗口，双击里面的 Install Scratch 2 图标。

---

* 译注：见图 P11-1。

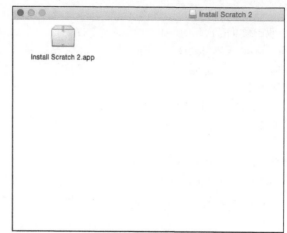

图 A-14　第二步 下载 Scratch 脱机编辑器　　图 A-15　下载目录下的安装文件

　　默认情况下，Mac OS 只允许从 Mac App Store 安装程序，如果你的安全偏好是这样设置的，你会看到图 A-16 所示的通知窗口。

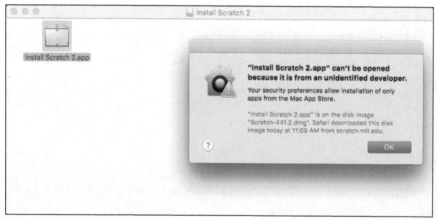

图 A-16　Mac 安全偏好设置

图 A-17　选择系统偏好设置

参考和安装 Adobe AIR 时同样的步骤，修改系统偏好设置让计算机允许你安装 Scratch 脱机编辑器。

3. 设置好之后，再次到 Install Scratch2 的窗口，双击里面的 Install Scratch 2 图标。

你可能会看到一个如图 A-18 所示的弹出窗口，这时候单击"打开"。这样就开始安装 Scratch 脱机编辑器。

图 A-18　计算机就开始检查文件的安全性，并随后开始安装

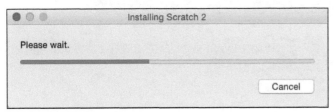

图 A-19　正在安装 Scratch

在弹出的"应用程序安装"窗口中，如图 A-20 所示，在这个窗口中，设置好自己的偏好。

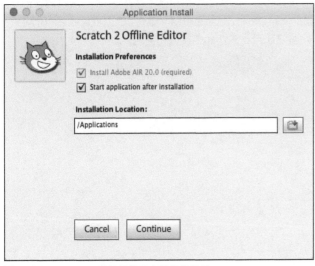

图 A-20　Scratch 脱机编辑器安装偏好设置

设置好安装偏好后，单击"继续"。会出现一个进度条窗口，以及一个询问是否要打开窗口，单击"打开"。Scratch 脱机编辑器安装好后，如图 A-21 所示。

图 A-21　Scratch 脱机编辑器安装完成

图 A-22　计算机 Dock 栏中的 Scratch 脱机编辑器

　　现在，Scratch 脱机编辑器就安装好了，你可以方便地在 Dock 栏中访问它。现在，你就可以随时随地使用 Scratch 编程了！

更多资源

　　可以访问 https://scratch.mit.edu/scratch2downloads/ 查看更多资源，在本页中第 3 步，有"入门指南"链接，还有一个"入门专案"下载链接，里面包含了很多的 Scratch 入门作品。你可以把它们下载到你的计算机上，并随时在 Scratch 脱机编辑器中使用。此外，那里还可以下载可以打印的 Scratch 卡片，便于随身携带。这些卡片包含代码的简单说明，你可以在自己的作品中尝试和使用。

附录 **B**

测试你的程序

测试是编程中的一个重要部分。通常来说，花了多少时间来编写程序，就应该花多少时间来测试程序。本附录将介绍 10 个简单的方法、工具和技巧，来查找和避免程序中的错误，也叫臭虫。

在计算机编程中，任何让程序不能正常运行或完全不能运行的东西，都叫臭虫。

合理规划

在编程中，成功的关键就是规划。如果程序中有多个场景、脚本、角色，那就在开始编码之前在一张纸上把它们列出来，或者在画图软件中画出来。

所画的程序草图，也叫线框图。例如，图 B-1 展示了如何为第 5 章的三台同演大马戏作品画的线框图。

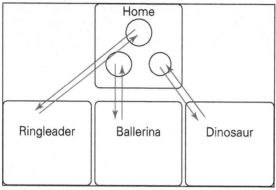

图 B-1　三台同演大马戏程序的线框图

定义解释

线框图是程序的可视化框架。

画线框图时，不用担心自己的图画得不好，或者怎样才能把每一处都画完美。画线框图的目的是为了把程序的功能可视化，这样在编码的时候，你就可以参考，它有助于让你看清楚每一个部分是如何组合在一起的。

让别人来帮你测试

想知道每一位伟大的程序员是如何让他们的程序做到尽可能完美的吗？答案非常简单，那就是，他们让其他的程序员检查他们的工作，或者，同样重要的，他们让不是程序员的人定期测试他们的程序。让另一双眼睛（或更多）来检查你的程序，通常会帮你发现错误的根源或者潜在的问题。测试人员通常会有一些很好的、你想不到的改进你的程序的想法。而且，我们都希望我们的程序尽可能的好，对吧？

测试流程中的一大部分，叫作 Debugging。除错就是找出程序为什么不能按照期望那样的工作并纠正它的过程。

克里斯和伊娃说

Debugging 这个术语是由葛丽丝·霍普发明的，葛丽丝·霍普是一个计算机程序员，她发明了很多技术，这些技术导致了 Scratch 和我们今天使用的其他所有计算机编程语言的发明。1940 年，在编程的时候，她从计算机中拿走了一只蛾子从而解决了计算机的故障。

寻找可能的无效输入

你的程序中有要询问用户年龄的角色吗？如果用户输入了一个单词会发生什么情况？你的程序会告诉用户再试一次并输入一个数字吗？还是程序会崩溃掉？要测试所有类型的无效用户输入，并在用户输入不期望的内容时给予友好的反馈，可以让程序运行得更平滑，也能让用户更加满意。

图 B-2 显示了一段程序，当用户输入字母而不是期望的数字，或者输入的数字不是一个有效的年龄数字时，这段程序就会出问题。

图 B-2　一段可能有问题的程序

为了确保用户只输入大于 0 小于 120 的数字，可以使用"运算符"分类中的积木。更具体点儿，使用"如果 () 那么"和"重复执行 () 直到"积木，如图 B-3 所示。

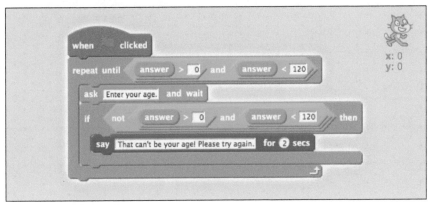

图 B-3　添加积木测试输入

经常使用注释

给程序添加解释性的注释对于将来修改程序或添加代码是非常有用的。添加注释也非常有助于查找程序中的问题。例如，在图 B-4 所示的程序中，我们使用注释解释了程序中最重要的积木块的作用。

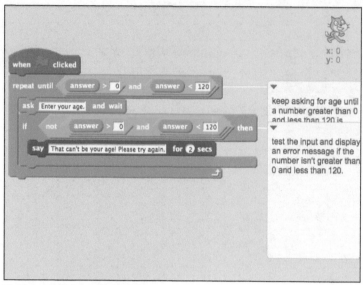

图 B-4　使用注释帮助查找错误

尽早测试、经常测试

什么时候应当测试？开始写程序不久就应该测试——而不是等一会儿再测试！查找和修正错误的最佳时间是刚把它加到代码中的时候。同样，如果你每次对代码进行过重大修改后都执行和记录测试，你就会拥有一份完整的测试记录，将来你就可以使用它来快速查找和修正新的问题。

记录测试和错误原因

作为一个新手程序员，你可以做的最重要的一件事就是找一个笔记本，或者在计算机上创建一个文本文件，用它来记录你做了什么以及是如何做的。你也应当记录你做过的测试和修正过的错误。

记录测试可以在将来更容易地修正错误。记录测试可以很简单地在你每次对程序进行测试时记录下当你测试时哪里不对，以及你是如何修复的。

使用自定义积木

当你编写复杂的程序时，你会经常发现某些功能需要拼很大量的积木才能实现。在脚本区拼太大量的积木会让程序难以管理和测试。

为了降低程序的复杂性，可以尝试创建自定义的积木。当创建好一块自定义的积木后，你就可以使用那块积木代替一大串儿积木，从而使角色的脚本区看上去更干净一些。

你甚至可以将定义那块自定义积木的所有积木移到脚本区不可见的地方，这样它们就不会乱七八糟堆满屏幕。

对数字使用滑杆

当程序要求用户输入一个数字时，使用滑杆可以很容易地阻止用户输入字母或者无效数字。滑杆是一种在舞台上显示变量的方式。

要让一个变量在舞台上用滑杆显示，右键单击它，选择"滑杆"，舞台上显示的变量就变成了一个滑杆，如图 B-5 所示。

图 B-5　用滑杆显示变量

默认情况下，滑杆的最小值是 0，最大值是 100。你可以右键单击滑杆来设置滑杆的最小值和最大值。你能看到如图 B-6 所示的弹出窗口，在那里你可以输入一个新的最小值和最大值。

图 B-6　设置最小值和最大值

继续学习

对于 Scratch 和编程的知识海洋来说，这本书只是冰山一角。总有东西要学，也总有一些人、视频、网站和书能帮助你学。当继续学习时，你会发现新的方法来编写更好的程序，相应的，编写出的程序错误也会更少。

下面是一些很不错的学习 Scratch 的资源：

- Scratch 维基百科（Scratch Wiki 网页）：Scratch 维基百科里有大量关于 Scratch 的信息资源和学习指南。那里的文章都是由 Scratch 社区里的成员写的，这个网站也由 Scratch 小组支持。在 Scratch 维基百科上有大约 1000 篇文章，要把那里的东西全部学完，可是要花相当长的时间。
- Scratch 入门指南视频 https://scratch.mit.edu/help/videos/：通过 Scratch 入门指南视频观看别人如何使用 Scratch，是一种非常好的学习 Scratch 编程的方式。那些视频以 Scratch 简介开始，然后讲一系列的使用指南，还有一些关于绘图编辑器的视频。

要学习 Scratch 之外的编程知识，我们推荐下面的资源：

- 《达人迷：JavaScript 趣味编程 15 例》（人民邮电出版社，2017；英文原版为 Wiley 出版社，2015），作者：克里斯·明尼克和伊娃·霍兰：JavaScript 是目前世界上最受欢迎和最流行的编程语言。如果你想进一步学习编程，这本书将教你如何开发有趣的游戏、交互式故事，以及更多 JavaScript 的用途。
- Code.org：这里有一些教孩子学编程的项目。你可以在这里通过玩《我的世界》探险、《星球大战》游戏，等等，来学习编程。

继续实践

要想成为一名真正的 Scratch 高手，你能做的最重要的事情，就是不断实践。你可能老早就听过这种说法，但实践确实是掌握一样东西的最好方法——不管是计算机编程语言还是做三明治，关键就是实践。当你不断重复做某件事时，这件事就变成了你生命中一项普通或常规的部分。通过不断练习，就会变成习惯，而习惯成自然。

要成为一名 Scratch 大师，一个很好的方法就是安排一段固定的时间来练习使用它进行编程，并且坚持在那个时间做。学习新东西，有时候会很艰难，特别是学习一门新语言时。在练习编程时，最好不要把自己搞得太沮丧，如果你碰到解决不了的问题时，就做几个深呼吸。

如果你发现自己就是找不出程序中的错误（bug）在哪里，最好是暂停一下，先别管它。通常，答案就在你眼前，但你就是看不见它，因为你盯着程序太久了以至于变得有点儿视而不见了。

在练习的时候，如果你发现自己开始沮丧或者生气，那就站起来，做个深呼吸，好好伸展一下。然后或许还需要再跳几下，让你的血液流动起来。暂时离开你的代码一会儿，当你再回来时，可能会发现答案正坐在那里等着你呢。

祝你在练习 Scratch 编程的时候好运！

术语表 *Glossary*

应用：一系列编程指令按照特定的顺序组合在一起来完成特定的任务。应用是计算机程序的另一种说法。

参数：任何输入到程序或自定义积木块中的值。

数组：一个可以以同一个名字存放多个值的变量。

背景：在舞台上显示在角色后面的东西。是舞台角色的造型。

积木：Scratch 中用来创建指令的拼图块形状的东西。

布尔积木：Scratch 中表示真或假的六边形积木。

分支：从多条路径中做选择的程序指令。

广播：在 Scratch 中，一次广播指发送一条角色可以收听的秘密消息。

臭虫：任何导致你的程序运行不正确或根本不运行的东西。

盖子积木：用于停止一段脚本或一个作品的一块 Scratch 积木。

C-积木：C 积木是 Scratch 中可以容纳堆栈积木的积木。它们用于做循环和做选择。

聊天机器人：能和人对话或聊天的程序。

编码：计算机程序设计的一个通用名称。当你编码的时候，你就是在使用计算机语言告诉计算机要做什么。

指令：用计算机语言编写的一条指示，用于告诉计算机去完成一项任务。

注释：放在程序中给人读而不是给计算机读的笔记。

导体：电可以通过的通道。

馆长：负责选择在 Scratch 工作室中展出作品的经理或管理员。

自定义积木：能表示一组积木或一段脚本的一块积木。

电流：指电从一个地方移动到另一个地方。

事件：程序中发生的、用于触发一个动作的事情。

焦点：当你在浏览器中单击一个东西让它高亮显示或者激活它时，你就把焦点给了这样东西。

字体：完整的、成套的字母和数字的图案。

硬件：和软件打交道的一个机械设备。

帽子积木：用于触发一段脚本开始执行的 Scratch 积木。

循环：用于让它包围的命令重复一次或多次的积木。

元数据：用于描述一段程序的信息。它可以包含的信息，比如作品的作者、标签，或者如何使用这段程序的说明。元数据不是代码的一部分，但却详细描述了你的作品。

嵌套：当一条程序命令或者一块 Scratch 积木，被另一条命令或 Scratch 积木包含时，就称之为嵌套。例如，循环中的命令，就称为这些命令嵌套在循环中。

操作：使用一些值来产生结果的特定的任务。

持久化：程序停止运行后仍然是程序的一部分数据。Scratch 中的变量是持久化的。

像素：在计算机屏幕上组成一幅图案的很多小点中的一个小点。

像素化：被放大到能看清楚组成它的各个像素时的一幅图片的样子。

程序员：编写计算机程序的人。

编程语言：用来给计算机下达指令的语言。

重混：创建某样东西的另一个不同版本的过程。

报告积木：包含一个值的一块椭圆形的 Scratch 积木。

Scratch：麻省理工学院（MIT）为编程初学者发明的编程语言。

脚本：和应用类似或目标更单一的计算机程序。

角色：Scratch 程序中的演员。

堆栈积木：一块代表一个动作的 Scratch 积木，该动作在程序中做某件事。

舞台：Scratch 作品编辑器中，角色表演你写的脚本的地方。

静电：不会移动的电。

提交输入：将表单中输入的单词或数字发送给一个程序的过程。

变量：你可以给它命名并在其中存放数据的盒子。

声波图：声音的可视化表示。

线框图：一个程序的可视化概要描述。